人员和物品的危险识别与处置

许永勤 编著

U0341745

中国人民公安大学出版社
·北 京·

图书在版编目（CIP）数据

人员和物品的危险识别与处置／许永勤编著．—北京：中国人民公安大学出版社，2016.12

ISBN 978 - 7 - 5653 - 2780 - 3

Ⅰ.①人… Ⅱ.①许… Ⅲ.①危险辨识 Ⅳ.①X928.03

中国版本图书馆 CIP 数据核字（2016）第 261634 号

人员和物品的危险识别与处置

许永勤 编著

出版发行：中国人民公安大学出版社

地 址：北京市西城区木樨地南里

邮政编码：100038

经 销：新华书店

印 刷：北京泰锐印刷有限责任公司

版 次：2016 年 12 月第 1 版

印 次：2016 年 12 月第 1 次

印 张：8.625

开 本：880 毫米×1230 毫米 1/32

字 数：212 千字

书 号：ISBN 978 - 7 - 5653 - 2780 - 3

定 价：29.00 元

网 址：www. cppsup. com. cn www. porclub. com. cn

电子邮箱：zbs@ cppsup. com zbs@ cppsu. edu. cn

营销中心电话：010 - 83903254

读者服务部电话（门市）：010 - 83903257

警官读者俱乐部电话（网购、邮购）：010 - 83903253

教材分社电话：010 - 83903259

前 言

　　本书是一部为安保人员提供的专业教材。书中所用"可疑人""危险可疑人""高危人员"等为治安学领域通用词语,仅在安全保卫专业教学中使用。在编写过程中,我们围绕高危人员和危险品的识别方法与途径这一主题,将以往理论研究结果和实际工作经验进行总结和整合,以帮助安保人员准确掌握和使用多种观察方法,提高识别高危人员和危险品的正确率,采取适应性的现场处置措施和预防手段,保护人民群众的人身和财产安全。本书的编写内容,主要有以下三个特点:

　　1. 开创性。目前,在安保领域,尚无一本专业教材,来系统论述高危人员和危险品的识别与处置这一课题。在当前社会矛盾突出、治安形势日益严峻的情况下,亟须一些具有可操作性和精细化分工的专业教材,来培养安保人员在风险识别和风险处置上的职业技能,维护社会和谐稳定。本书在编写过程中,首次尝试围绕高危人员和危险品的识别这一主要工作技能,从理论和实践层面进行系统论述,以弥补当前在教材编写中的空白,为培养高质量的安保人才打下良好基础。

　　2. 可操作性。在每一章节的编写中,都对高危人员的生理、心理和行为特征进行系统详细的描述，以具体直观的方式来呈现知识点，增强学生的理解能力和解决实际问题的能力。在每章后面都有小结和练习题，以培养学生的自主学习能力。通过本书的学习，希望学生能够掌握辨别高危人员的 28 种基本方法，并根据工作情境的特点加以利用；能将测谎理论、微表情识别理论和面相学相关理论运用到实际工作中，进行可疑人的行为观察；能够对盗窃人员、扒窃人员、绑架人员、恐怖分子、携带包裹反常行为人等进行辨识并采取适当的处置措施；能够掌握九大类危险品的标签和主要特征；能够掌握应对同种类危险品的处置流程。

3. 系统性。本书在编写过程中，首次尝试从社会学、心理学和生物学角度多方位阐述问题，不仅对理论基础、研究方法、研究内容进行了系统整理和归纳，还针对安保工作的实际情况对不同类别的高危人员进行了详细区分。同时，借鉴当前最新的研究成果——微表情识别、身体语言密码、危险人格识别方法等知识框架，进一步丰富和拓宽本书内容体系，增加应用性。

本书在编写过程中，参考了大量相关文献，特此向各位作者表示最诚挚的感谢。本书的撰写分工和作者情况如下：第一章、第二章、第三章、第六章、第七章、第八章，许永勤（北京政法职业学院讲师，博士）；第四章，许永勤、郑莉芳（四川大学法学院副教授，博士）；第五章，许永勤、李颖（中国人民公安大学犯罪学系副教授，博士）。

本书可作为安全保卫及相关专业的大学教材，也可以作为公、检、法、司及其他爱好者的参考读物。在编写过程中，由于目前可供查阅的文献有限，在书中仍会有一些问题的阐述有待进一步完善，也恳请读者不吝赐教，共同促进这门学科的发展。

许永勤

2016 年 9 月

目 录

第一章 绪论 ……………………………………………… （ 1 ）

第一节 危险可疑人的含义和研究对象 ……………… （ 2 ）

第二节 危险可疑人识别的研究原则与方法 ………… （ 6 ）

第二章 危险可疑人识别的相关理论 …………………… （ 17 ）

第一节 危险可疑人识别的生物学基础 ……………… （ 18 ）

第二节 危险可疑人识别的心理学基础 ……………… （ 26 ）

第三节 危险可疑人识别的行为学基础——差异性行为分析

………………………………………………… （ 45 ）

第三章 危险可疑人识别的具体方法 …………………… （ 50 ）

第一节 观察方法 ……………………………………… （ 50 ）

第二节 微表情识别方法 ……………………………… （ 59 ）

第三节 谎言识别方法 ………………………………… （ 69 ）

第四章 财物型犯罪人的识别与处置 …………………… （ 77 ）

第一节 盗窃犯的识别与处置 ………………………… （ 78 ）

第二节 诈骗犯的识别与处置 ………………………… （ 98 ）

第五章 心理变态者的识别与处置 ……………………… （ 115 ）

第一节 心理变态者的一般特征 ……………………… （ 116 ）

第二节 人格障碍者的识别与处置 …………………… （ 122 ）

第三节 精神病人的识别与处置 ……………………… （ 134 ）

第四节 性变态者的识别与处置 ……………………… （ 144 ）

第六章 暴力型危险可疑人的识别与处置 ·················（155）

第一节 抢劫抢夺人员的识别与处置 ·················（156）

第二节 故意杀人犯的识别与处置 ···················（164）

第三节 恐怖犯罪和恐怖分子的识别与处置 ············（171）

第四节 群体性暴力事件的识别与处置 ···············（186）

第七章 危险品的分类与识别 ···················（200）

第一节 危险品的定义、分类和标签 ················（201）

第二节 爆炸装置的识别 ·······················（228）

第三节 化学、生物或放射性武器的识别 ············（239）

第八章 危险品的处置 ·······················（252）

第一节 危险品操作的基本原则 ··················（252）

第二节 危险品事件的一般应急响应程序 ············（255）

第三节 危险品事故处理的具体措施 ···············（260）

第一章 绪论

安保服务工作者的一项核心技能，是对可疑人进行危险识别。这无论是在门卫、守护、巡逻、押运，还是在随身护卫、人群控制、技术防范、风险评估等具体的岗位环节中，都发挥着重要功能，对于预防和控制违法犯罪，保护人民群众的人身、财产安全，避免造成更大的社会危害，均起到重要的预警作用。

近年来，社会恶性安全事件屡有发生，尤其是被媒体大量报道转载的社会滥杀事件进一步凸显出来，如福建南平郑民生持刀杀害 8 名小学生案、昆明火车站暴恐案、北京机场爆炸案等，这种无特定对象的犯罪案件的增加会加剧社会的恐慌和不安感，同时损耗更多的社会资源。鉴于技防的延迟性和滞后性，安保部门在加强利用科技手段进行危险识别的同时，也越来越意识到人防所具有的不可替代的作用，更加重视对安保人员的技能培训。因此，可疑人的危险识别与处置已成为亟待研究的课题。在本章中，我们将着重论述危险可疑人的分类、研究方法以及研究原则。

【学习目标】

1. 危险可疑人的分类；
2. 危险可疑人的研究方法；
3. 危险可疑人的研究原则。

第一节　危险可疑人的含义和研究对象

【引例】

游客在航班上因换座打架被警察带走

某年某月某日，在某国际机场，两拨中国游客因为在即将起飞的飞机上发生争执，上演"全武行"，直至当地警方赶到，争斗才平息。航空公司证实了打架事件。据介绍，因为乘客打架，飞机在机场延误了一个小时才起飞。

据了解，当时有一家三口，妻子与丈夫、孩子的座位不在一起，想换到一起，丈夫可能嫌麻烦，和妻子拌了几句嘴。结果旁边的客人以为是在骂他，于是发生口角，最后升级为肢体冲突。

提问：

1. 在航空安保中，相互打架的乘客算是危险可疑人吗？
2. 危险可疑人的分类标准有哪些？

一、危险可疑人的概念

在不同的工作领域，人们对于危险可疑人的定义存在一定差异，尚无统一标准。

在治安管理领域，危险可疑人的分类与危险可疑人的概念密切相关。其中，2011年4月，深圳开展"治安危险可疑人排查清理百日行动"，首次"将社会治安秩序和公共安全有现存或潜在危害的人群"界定为治安高危人群，并对高危人群的含义和分类做出了比较具体的解释。高危人群具体指刑满释放人员、重点管理人员、监管对象和易发生刑事治安案件的人群，主要包括以下六个方面：

1. 有前科、长期滞留深圳又没有正当职业的；

2. 在应当就业的年龄无正当职业、昼伏夜出、群众举报有现实危险的；

3. 涉嫌吸毒、零星贩毒、涉嫌销赃的；

4. 使用假身份证入住酒店、租房的；

5. 肇事、肇祸的精神病人员，对他人有危害的；

6. 扬言报复社会，有可能产生极端行为的；以及其他一些对群众安居乐业有现存或潜在危险的。

在这里，治安危险可疑人的概念，是为了预防和控制犯罪的发生而定义的。

二、民航机关对具有危险行为的可疑人的分类

在中华人民共和国民用航空安全保卫条例（2005年8月）中，对危险行为进行了规定，具体内容如下：

第十六条 机场内禁止下列行为：（一）攀（钻）越、损毁机场防护围栏及其他安全防护设施；（二）在机场控制区内狩猎、放牧、晾晒谷物、教练驾驶车辆；（三）无机场控制区通行证进入机场控制区；（四）随意穿越航空器跑道、滑行道；（五）强行登、占航空器；（六）谎报险情，制造混乱；（七）扰乱机场秩序的其他行为。

做出上述行为的人，即为危险人员，民航机关需要采取安全保卫条例中相应的预防手段，防止危险行为的发生，具体规定措施如下：

第二十七条　安全检查人员应当查验旅客客票、身份证件和登机牌，使用仪器或者手工对旅客及其行李物品进行安全检查，必要时可以从严检查。已经通过安全检查的旅客应当在候机隔离区等待登机。

第二十八条　进入候机隔离区的工作人员（包括机组人员）及其携带的物品，应当接受安全检查；接送旅客的人员和其他人员不得进入候机隔离区。

第三十二条　除国务院另有规定外，乘坐民用航空器的，禁止随身携带或者交运下列物品：（一）枪支、弹药、军械、警械；（二）管制刀具；（三）易燃、易爆、有毒、腐蚀性、放射性物品；（四）国家规定的其他禁运物品。

第三十三条　除本条例第三十二条规定的物品外，其他可以用于危害航空安全的物品，旅客不得随身携带，但是可以作为行李交运或者按照国务院民用航空主管部门的有关规定由机组人员带到目的地后交还。对含有易燃物质的生活用品实行限量携带。限量携带的物品及其数量，由国务院民用航空主管部门规定。

三、龙勃罗梭关于犯罪人的分类

意大利犯罪学家龙勃罗梭在《犯罪人论》一书中，从实证研究的角度，分别对不同类别的犯罪人的生理特征和心理结构进行了阐述。他认为，可以把犯罪人分为四种，分别是：

1. 生来犯罪人，主要指带有遗传特征的天生犯罪人。

2. 激情犯罪人，主要包括年轻人和政治异见者。其中，政治异见者的特征是智力较高、感受性很强、有强烈的利他精神、爱国精神、自我牺牲精神、宗教理想甚至有科学理想，他们是社会传统的反抗者。

3. 精神病犯罪人，主要包括偷窃狂、间发性酒狂、杀人狂、恋童癖、女性色情狂、歇斯底里犯罪人。精神病犯罪人的特征是：无惧刑罚，也不逃避刑罚；不隐藏自己的犯罪痕迹；会直率地承认犯罪、渴望谈论犯罪、用得意的口吻诉说自己在犯罪时得到的解脱感；认为自己遵守秩序，觉得自己的行为是值得赞扬的。

4. 偶然犯罪人，主要包括准犯罪人、倾向性犯罪人、习惯性犯罪人。准犯罪人是指因为法律的缺陷导致犯罪行为的犯罪人，如为了保卫个人、家庭或名誉偶尔犯罪的，正当防卫过当、见义勇为致使他人死亡的。倾向性犯罪人是指病态人格或人格障碍患者，特征是软弱或屈服。习惯性犯罪人，主要源于父母、学校和社会的不良教育或训练。

综合以上观点，关于危险可疑人的分类标准莫衷一是，至今尚无定论。我们认为，在对危险可疑人进行分类时，应结合本工作领域的具体特点，进行详细分类，如在民航领域，除了上述标准可以参考外，还要结合近年来出现的具体案例进行分析，如有些恐怖分子会借助老弱病残孕的身份，骗取工作人员的信任，进行突然袭击。因此，在对危险可疑人进行分类时，也要加入这一特征。

第二节 危险可疑人识别的研究原则与方法

【引例】

纽约炸弹狂案

1940 年 11 月 16 日，在纽约爱迪生公司大楼的一个窗户边发现了一枚没有爆炸的炸弹。炸弹包旁边有一张手写的字条，上面写着：

爱迪生公司的骗子们，这是为你们准备的。

F. P

没有留下任何指纹，炸弹也没有爆炸。以后五年里，报社、旅店和百货商店也纷纷收到类似的纸条。1950 年圣诞节前夕，《先驱论坛报》收到一封莫名其妙的匿名信。信是从韦斯特切斯特发出的，内容是由手写的大写字母写成的，用的是一张普通信纸：

我是一个病人，而且正在为这个病而怨恨爱迪生公司，该公司会后悔它们的卑劣罪行的。不久后我还要把炸弹放在剧院的座位上。

谨此通告

F. P

此后，F. P 变本加厉。到 1955 年，他在这一年中放置了 52 枚炸弹，其中 30 枚爆炸了，造成多人受伤、死亡。公众感到严重不安，称 F. P 为"炸弹狂"。

推断：

纽约警察局束手无策，探长霍华德带了案件的全部卷宗（一些炸弹的碎片、F. P 的信、几张炸弹的照片）去向心理学家詹姆斯·布鲁塞尔博士求教。布鲁塞尔花了 4 个小时对案件做了如下推断：

1. 罪犯是男性。因为以前制造并放置炸弹的人都是男性，无一例外。

2. 罪犯年龄为 50~60 岁。F.P 认为爱迪生公司害他生病，渐渐地认为整个世界都同他过不去，人一旦被这种思想纠缠，就变成了偏执狂。而据心理学家分析，偏执狂有潜伏期，在一个时期内病势发展缓慢，但是一过 35 岁就变得一发不可收拾。罪犯放置炸弹已经有 16 年了，所以年龄应该在 50 岁以上。

3. 爱迪生公司曾对罪犯有过不适当的处置。偏执狂都很爱护自己，行动时仍在自卫。他们从不承认自己有缺点，而把遇到的麻烦都归咎于别人，尤其是某个大型组织。

4. 受过良好的中等教育。从清秀的字体来看，他受过良好的中等教育。

5. 不胖不瘦，中等身材，体格匀称。有心理学家证明：人类的体格、个性和任何精神疾病的发展都有关系。其中，85% 的偏执狂具有运动员的身材。

6. 工作一丝不苟，属于模范职员。从清秀的字体和干净的信纸推断出罪犯的工作态度一定不错。

7. 不是纯粹的美国血统。"卑劣罪行"用得不够美国味。他还把爱迪生公司写成"Society Edison"，而不是美国人常用的"Consolidated Edison"的缩写"Cons. ED"。

8. 是斯拉夫人。对仇敌采取报复措施在各国都有，但是地中海沿岸的人多用匕首，斯堪的纳维亚人用绞索，斯拉夫人用炸弹。

9. 信仰天主教，并定期上教堂。斯拉夫人大都信奉天主教，所以罪犯应该信仰天主教，并定期上教堂，因为有规律是他的习惯之一。

10. 居住在布里奇来特区（位于纽约和韦斯特切斯特之间的斯拉夫人聚居区）。匿名恐吓信不是在纽约就是在韦斯特切斯特投寄的，因此罪犯的住所可能在两地之间。布里奇来特是两地间最集中的斯拉夫人居住地。

11. 受过一定程度的心理创伤，有恋母情结并憎恨父亲。男孩在幼年时会由于恋母情结而憎恨父亲，偏执狂一定会这样。他经常反抗父亲，并一直那样生活。反抗父亲的权威到后来转变为反抗社会的权威，这就是他到处放置炸弹的原因。

12. 独身，没有女友和男友，与年长的女性亲属共同生活。由于失去母爱，所以他非常痛苦，在以后的生活中，也没有人给他爱情和友谊，创伤一直没有愈合。所以他独身，没有男友或女友，可能连女性也从未吻过。他和年长的女性亲属共同生活，这可以使他想起母亲，得到慰藉。

13. 衣着整齐、风度翩翩。一个偏执狂病人在衣着或举止上，都不愿意落于水准之下，因此他是个衣着整齐、风度翩翩的人。

14. 居住在一个单独的院落中。制造炸弹必须有一个设备很好的工作室，既不会妨碍邻居，也不会被人发现。

15. 身患心血管疾病。他一再声称自己是病人，他可能患癌症、肺结核或心血管疾病，患癌症的话活 16 年的可能性很小，患肺结核的话应该已经治愈了，所以他患的是心血管疾病。

最后，博士称此人被抓捕时，必定身穿双排扣上装（当时的一种普通样式上装），纽扣扣得整整齐齐。因为他对新样式的衣服比较排斥，所以穿着最普通款式的衣服。

调查与破案：

不久，爱迪生公司彻查档案时，发现了一个叫乔治·梅特斯基的人。他原是爱迪生公司的职员，1931 年 9 月因公受伤，得到了公司的工伤补贴。几个月后，公司裁减人员时将他除名。1934 年 1 月，他自称患了肺结核，申请终身残疾津贴，但未能如愿。

爱迪生公司的报告认为：梅特斯基工作出色，一丝不苟，手脚麻利，遵守纪律，与人和善，品行优良，属于模范职员。

档案里提到的其他重要情况还有：梅特斯基生于 1904 年，在 1931 年正好 27 岁。照此推算，1940 年他 36 岁，1957 年他 53 岁。他是波兰裔，罗马天主教徒，家住在康涅狄克州（布里奇来特即在此州）。经进一步秘密调查得知：梅特斯基未婚，和他的两个姐姐住在一栋独院住宅里，父母双亡。他身高 1.75 米，体重 75 千克，没有前科。邻居们评价说：他家是个和睦之家，他对人总是彬彬有礼，但很少与人来往。

当警察来到梅特斯基家时，出现在他们面前的是一个身穿褪色睡衣、戴金丝边眼镜、体格匀称的男人。经过一个多小时的询问，梅特斯基终于哑口无言。他把警察带到一个整理得井井有条的房间——制造炸弹的房间。当警察要带他走时，他进卧室换了身衣服。只见他头发梳得光光的，脚上皮鞋擦得雪亮，身穿有双排纽扣的蓝色细条纹西服，上装的 3 粒纽扣也扣得整整齐齐。

提问：

在上述案例中，心理学家运用了哪些研究原则和方法？

一、研究原则

危险可疑人所包含的研究对象比较复杂，可疑行为具有隐蔽性、掩饰性和不可重复性等特点，这就决定了在研究上具有一定的难度。但是，根据辩证唯物主义反映论和决定论的观点，对于危险可疑人的研究仍有其规律可循。在进行研究时，要坚持以下几个原则：

（一）客观性原则

客观性原则也称实事求是原则。在识别危险可疑人时，我们要充分利用感觉、知觉、思维、判断、情绪和情感等，它们是一种客观存在，也有一定规律可循。在研究过程中，我们要始终秉承实事求是的原则，在数据的搜集和处理、分析阶段，都要坚持采用科学客观的研究方法，尽可能多地收集资料和进行案例总结，避免主观臆断。危险可疑人千差万别，我们在研究中，切忌用自己的主观经验、主观感受乃至人生经验等去解释和推断观察到的可疑人员。

【名人名言】

没人能保守秘密，即使双唇紧闭，指尖也会说话，每个毛孔都泄露着秘密。

——弗洛伊德

（二）联系性原则

危险行为的发生不是一个孤立的现象，与危险可疑人的生活经历、生活环境以及现场周围的人和事有着千丝万缕的联系。在研究危险可疑人时，要坚持联系的观点，不仅要研究影响犯罪心理形成和个性特征的早期经历、关键事件以及诱发情境等，还要研究社会、家庭、犯罪情境等相关因素。

（三）理论联系实际的原则

研究危险可疑人的主要目的是探索危险行为的发生和发展规律，最终为揭露、惩治、改造和预防危险可疑人提供心理依据。危险可疑人的研究是一个综合性边缘学科，与犯罪学、治安学、社会心理学、刑法学、普通心理学等有着密切联系。这些学科所涉及的有些理论还处在前范式研究阶段，学科的复杂性导致基本理论研究的多元性。在这一背景下，危险可疑人的研究要更注重实际应用，并在实际应用中进一步充实和完善基本理论的研究。唯其如此，危险可疑人的研究才有强大的生命力。

（四）伦理性原则

人之所以做出危险行为，是由各种消极因素相互作用的结果。当我们使用一些控制情境或被试的手段来研究这些消极因素的影响时，有可能会使研究对象身心俱伤，尤其是采用欺骗、威胁、恐吓、物理和心理强制等方法。因此，危险可疑人的研究要坚持伦理性原则，在问卷调查、自然观察和某些档案研究中采用匿名性原则。同时在研究过程中，要尽可能保护被试，防止他们受到心理伤害，一旦被试出现不良反应或要求退出实验，应予以充分的尊重。此外，研究者也有责任对所获得的资料保密，保护被试的隐私权，尤其要对有些犯罪人的创伤性经历尽可能保守秘密，以免产生相反的示范性效应。

【相关案例】

斯坦福模拟监狱实验

1971年，斯坦福大学心理学教授津巴多为研究人和环境对个体行为的影响程度，设计了著名的斯坦福监狱实验。该实验地点设在斯坦福大学心理系的地下室中，共有24名师范学院的男性学生志愿者参加，他们被分别随意指派为"看守"组和"囚犯"组。实验者发给"看守"组制服和哨子等各种道具，并指导他们按照监狱的规则进行管理，"囚犯"组则从自己的所在地被粗暴地拉到模拟监狱，进行搜身，穿上劣质的囚服，见到看守都要敬礼退让等。仅过了一天，这些学生就进入了自己所扮演的角色。慢慢地，该实验超过了预设的界限，走向危险和造成心理伤害的边缘。"看守"组显示出虐待狂病态人格，变得粗暴、蛮横、充满敌意，他们还想出多种对付犯人的酷刑和体罚方法。而"囚犯"组显示出极端被动和沮丧，许多"囚犯"在情感上受到创伤，他们要么变得冷漠退缩、无动于衷，要么开始了积极的反抗。对此，实验者津巴多进行了描述："我们所看到的一切令人胆战心惊。大多数人的确变成了'犯人'和'看守'，不再能够清楚地区分是角色扮演还是真正的自我。错觉间产生了混淆，角色扮演与自我认同也产生了混淆。"尽管实验原先设计要进行两周，但由于超出实验者的承受范围，不得不提前停止。

二、研究的主要方法

（一）观察法

观察法是指研究者通过自己的感官或借助一定的科学仪器和技术手段，有计划、有目的地对研究对象的各种行为表现进行观测，以收集资料的一种方法，分为自然观察法和控制观察法两种。自然观察法是指在自然情境下的观察。控制观察法是指对日常情境进行控制和干预后的观察，如阿希的去个性化实验。在对危险可疑人进行识别时，我们主要应用观察法。

观察法的优点是收集的资料比较客观、全面、准确，缺点在于具有一定的被动性，比较费时，在记录和解释数据时容易受到观察者本人的能力水平、知识经验、主观愿望以及观察技能的影响。此外，对获取的数据不易进行量化处理，因此常与其他研究方法综合使用。

【背景知识】

龙勃罗梭的研究

从人体解剖学和生理角度来观察犯罪人特征是一种简洁的方法。最早是颅相学的研究，即通过人的面相、颅相或骨相来推断人的善恶。例如，古希腊哲学家苏格拉底曾说过："凡面黑者，都有作恶的倾向。"后来，随着犯罪实证科学的到来，学者们开始探讨人类身体表征与犯罪的关系。最具代表性的人物之一是意大利犯罪学家龙勃罗梭，作为一名监狱医生，他对几千名犯人做了人类学的调查并进行了大量的尸体解剖。通过对比分析，他认为，多次犯罪的人是天生的，犯罪是人类隔代遗传的产物。这与他们与生俱来的独特的生理表征有关，犯罪人在生理上具有以下特征：1. 头部大小与同一地区的人有差异；2. 脸部不对称；3. 耳朵的大小不正常，像非洲黑猩猩；4. 肥胖、肿大和突出的嘴唇；5. 不正常的齿系；6. 下巴退缩、过长、过短或扁平，像无尾猿；7. 过长的手臂；8. 脑半球的不平衡，等等。

【相关案例】

在对犯罪人的研究上，有一个人帮了龙勃罗梭大忙，不能不提，他就是伦巴第省的江洋大盗维莱拉。维莱拉体格强壮，行动敏捷，曾经因为背着一只绵羊爬上一座陡峭的山峰而闻名，他生性残忍，他的罪行让整个伦巴第省人心惊胆寒。龙勃罗梭与他相识之后，维莱拉很骄傲地把自己的罪行兜了个底朝天。龙勃罗梭发现，维莱拉玩世不恭、厚颜无耻，有着职业犯罪人的自负与傲慢。1870 年 11 月，作恶一生的维莱拉终于咽气了。龙勃罗梭对他的尸体进行了解剖，当他打开维莱拉的颅骨后发现了明显的凹陷，他把这个凹陷称为"中央枕骨窝"。在维莱拉的大脑中，他还发现那个凹陷附近的小脑蚓部异常肥大，而这两个特征为低等灵长目所特有，是类人猿一类动物的特征。这说明，维莱拉是那个时代出生的原始野蛮人。龙勃罗梭相信，在维莱拉身上，找到了解释犯罪行为的正确线索。在《犯罪人论》一书中，龙勃罗梭从解剖学的观点解释了维莱拉的特征，巨大的颌骨、高耸的颊骨、突出的眉骨、单线的掌纹、极大的眼窝，在野蛮人、类人猿身上才能见到的那种呈柄形的或无柄的耳朵，无痛感能力，极敏锐的视力和极度懒惰，酷爱狂欢的特点，以及不仅夺取被害人的性命，还要残害被害人尸体的行为。

综上所述，早期学者们从不同学科角度对犯罪心理的探讨和研究，为犯罪心理学的诞生奠定了思想基础。

（二）调查法

调查法是指通过问卷、访谈、实地考察等方式，了解人们的想法和看法，搜集有关犯罪人资料，来研究犯罪心理特点和规律的方法。调查法所搜集到的主要是言语资料，主要分为问卷法和访谈法两种。

1. 问卷法

问卷法是研究者通过科学方法设计一系列书面问题，来征求回答者的意见，以收集与犯罪人相关的心理特征和行为表现的资料。问卷法的优点在于简单易行，效率很高，结果处理方便，容易进行大型项目的分析。缺点是不能对复杂问题进行深入研究，很难保证问卷的有效性，在回收率和填写问卷的质量上都较难控制。

2. 访谈法

访谈法又称访问法，是指研究者通过与犯罪人、犯罪人的父母、亲友、同学、老师以及办案人员等谈话对象交谈，以获取犯罪人资料的方法。访谈法又分结构式和非结构式访谈两种，前者对访谈中提出的问题、顺序和方式，选择访谈对象的标准和方法，访谈对象回答问题的方式，访谈记录的编码方式等都有统一的要求；后者是一种开放式的访谈方式，只要求对象围绕一个粗线条的谈话主题，灵活地进行交谈。

访谈法的优点是比问卷法所涉及的问题更加细致深入，准确性较高；缺点是费时费力，效率较低，所得资料也难以进行统计分析。为了保证访谈的有效性，访谈者必须学会倾听的技术，提问题时明确规范，不随意打断对方，不对谈话内容进行主观臆测。

在对危险可疑人进行研究时，访谈法是最常用的一种方法。访谈的对象主要是长期工作在一线的安保人员和容易受到犯罪袭击的工作人员，包括民警、保安、值班人员、安检员、出租车司机等。他们在工作中积累了大量的案例和经验，可以为研究危险可疑人的识别和处置提供借鉴。

（三）测验法

测验法是指用标准化量表来测量危险可疑人特征的方法。对于危险可疑人的研究，目前没有统一的量表。但是，我们可以借鉴其他常用的标准化量表，通过和普通人群进行对比来寻找规律，进行识别。这些测验量表包括：智力测验、气质测验、人格测验、"中国犯罪心理测试个性分测验等"、生活事件量表、社会适应性量表、明尼苏达多项人格测验等。

标准化的心理测验要满足以下几个要求：（1）常模，常模分数为测验结果提供了一个参照系，通过对比分析得出犯罪人心理特征的显著性差异；（2）信度，即量表的可靠性和稳定性；（3）效度，即量表的有效性，用来衡量一个量表是否真实反映了所期望测量的内容；（4）实施程序和计分方法，尤其是要提供标准化的指导语。

测验法的优点是采用了科学、标准化的程序设计，保证了测量数据的可靠性。缺点是操作难度较大，在主试选择、取样方法、常模确定以及数据处理上都有严格要求。

（四）实验法

实验法是通过有目的地严格控制实验情境，对被试施加刺激，以引起被试的心理反应，从而测量刺激与反应之间联系程度的方法。在危险可疑人的研究中，比较常用的是现场实验，又称自然实验法，它通过对真实情境中的一些条件进行控制和干预，来发现事物之间的联系。

（五）案例分析法

案例分析法是指通过对各类典型的案例进行比较分析和归纳总结，最终发现识别危险可疑人的规律的方法。这一分析方法对研究者的专业背景要求较高，不仅需要有缜密的思维，还要有专业的理论背景做支撑。在本节开头的引例中，主要采用的是案例分析法来发现炸弹狂。

【思考题】

1. 危险可疑人有哪些分类？

2. 结合分类标准，请思考在你将来的工作中，要把哪几类人列入观察对象？

3. 研究危险可疑人的原则有哪些？

4. 结合本章的研究方法，谈谈你在工作中，会着重利用哪些方法？如何去做？

【参考文献】

1. ［意］切萨雷·龙勃罗梭著，黄风译：《犯罪人论》，北京：中国法制出版社，2005年版。

2. 彭聃龄主编：《普通心理学》，北京：北京师范大学出版社，1988年版。

3. 刘邦惠主编：《犯罪心理学》，北京：科学出版社，2009年版。

第二章　危险可疑人识别的相关理论

　　在我们所生存的这个世界，几乎每天都有不同犯罪行为的发生，恐怖袭击、盗窃、抢劫（夺）、寻衅滋事、故意伤害等犯罪行为使被害人受到伤害的同时，也引发了社会各界人士的深思。我们该如何对危险可疑人进行识别和防范？识别的理论依据在哪里？有没有相关的证据支持？社会学家、犯罪学家、心理学家以及临床工作人员从各自学科的角度给予了不同的答案和阐释。在本章中，我们将从生理学、心理学以及行为学等相关学科的研究角度，对危险可疑人的特征进行阐述，以供借鉴。

【学习目标】

　　理解和掌握下列概念，并在实际工作中加以运用。

1. 天生犯罪人；
2. 心理防御机制；
3. 差异性行为比较方法。

第一节 危险可疑人识别的生物学基础

【引例】

朱克家族

美国社会学家都戴而（Dugdale）对朱克家族（Jukes）的研究：1840年朱克家族诞生，老朱克是一个远近闻名的酒鬼和赌棍，这个家族近8代子孙中，有300多人是乞丐和流浪者，400多人因酗酒致残或致死，60多人犯过诈骗罪和盗窃罪，7人是杀人犯，没有一个有出息。

问题：

危险可疑人有无生理学基础？生理学因素在识别危险可疑人的过程中起了什么作用？

一、早期的研究：天生犯罪人

天生犯罪人是意大利犯罪学家龙勃罗梭提出的犯罪人概念。他通过对近千人进行的实证研究，根据达尔文进化论的观点，提出犯罪人的出现是人类的返祖现象，是有些现代人没有进化的结果，他们是介于现代人和原始祖先之间的智人物种，是文明人的变异现象。

首先，从外观上，天生犯罪人与正常人存在显著差异，如不对称的颅骨、没有胡子、柄状的耳朵、巨大的下巴、高颧骨以及蒙古人种的眼睛等。此外，在暴力型犯罪特别是抢劫和杀人犯罪中，犯罪人的身高和体重都比较高，而盗窃犯和纵火犯则表现出一定的长头畸形倾向。

其次，从感知觉上，天生犯罪人对疼痛、温度变化具有高度的耐受力。其中，一个重要的表现是文身。文身是野蛮人的书法，是对他们文明状态的首次记录。文身的习惯在犯罪人身上表现得特别普遍，特别是在邪恶的犯罪人身上。犯罪人的文身与常人有很大不同，文身的面积很大且形状、内容都很怪异。例如，一名犯罪人在额头上刺着"资产者灭亡"，并且底下有一把匕首；另外一名犯罪人在胸前和胳膊上刺了三个朋友名字的缩写，一个十字架，一条游蛇，一颗被刺穿的心①。

最后，从情感上，大多数犯罪人的情感总带有病态、过分和不稳定的色彩。他们的家庭情感和社会情感大都已经泯灭，对所犯的任何错误都缺乏罪恶感和悔恨感。相反，他们在诸如虚荣心等有关自我感觉的情感上，却得到异常发展，表现出"极度以自我为中心"。为了满足自己的虚荣心，犯罪人常常为了一点小事就实施报复。

"天生犯罪人"概念的提出，开创了从遗传学来研究犯罪人的先河，也进一步促进了优生学的发展。例如，20世纪30年代是美国优生学最为盛行的时代，也是最不光彩的年代。1939年，美国人类学家胡顿，从美国十个州中抽取了17076多份样本（其中犯罪人13873名，非犯罪人3203名），从体态、眼睛、耳朵、嘴唇、前额、脖子等33种生理特征上，对犯罪人与非犯罪人之间的差异进行研究，结果发现19种生理特征差异指标。胡顿认为，这些遗传性的生理特征会影响心理的发展，进而产生严重的犯罪问题。对于这种因生物上以及种族上的遗传特征所引发的特定犯罪，必须予以根绝。他说，"犯罪人生来是劣等"，"犯罪是环境对

---

① 龙勃罗梭著，黄风译：《犯罪人论》，北京：中国法制出版社，2005年版，第63页。

劣等人类冲击的结果","解决犯罪问题的方法是根除或消灭这些身体上、精神上、道德上不健全的人，或者把这些人隔离在一个完全净化的社会环境中"。他甚至建议将体重超过标准美国人体重 11磅的"劣等人"予以隔绝或灭除①。这种观点为第二次世界大战中的种族大屠杀提供了借口，也遭到了大多数人的质疑。

到了 20 世纪 90 年代，人类基因组的研究取得巨大成功。一些科学家认为，有了人类基因组的全部系列及图谱，传统的等位基因连锁分析将在发现新的人类行为相关基因中起到重要作用。人们似乎找到了定义人类（包括特定的行为方式）的物质。人们发现，无论是疾病还是异常的行为似乎都能找到它的特殊基因，前者包括乳腺癌、肌肉萎缩症、家族高胆固醇等，后者包括酗酒、害羞、同性恋、犯罪等。现在人们正试图寻找与诸如上瘾、压抑、暴力、攻击性行为有关的基因基础，由此可见，科学家对犯罪遗传研究的关注程度。毫无疑问，遗传因素在反社会行为和犯罪行为中起重要作用，他们天生具有的神经系统特性的个体差异，会影响其遵守社会期望和社会规范的能力。但是，这并不能证明犯罪是天生的，除了生物因素外，社会环境等其他因素所起的作用更大，因而更容易增加个体做出反社会行为的可能性。

二、体型与犯罪

最早对体型进行系统研究的是德国精神病学家 E. 克雷米尔，他根据人体结构和生理特征以及所对应的人格特征，将人分为三种体型：第一种是矮胖型，身体特点是个子矮而且肥胖，性格特点是外向、温和、善于交际，贪吃，较少犯罪；第二种是瘦长

---

① 陈兴良：《犯罪与遗传》，北京：群众出版社，1992 年版，第 51 ~53 页。

型，身体特点是虚弱瘦削，个子高大，属于大脑紧张型，性格特点是性急、多疑、善思、敏感、压抑、保守、自我意识较强并且害怕与他人接触，易成为盗窃犯或诈骗犯，也可能成为杀人犯；第三种是运动型，身体特点是体型健壮、肌肉发达，性格特点是粗暴、易激动、残酷、自负、爱好冒险和竞争，最易产生犯罪，特别是暴力犯罪。

后来，美国医生谢尔顿进一步从胚胎发育特点和气质类型上扩充了体型说。通过大量收集和整理生理测量数据，他发现了三种基本类型：第一种是内脏强健型，内胚层发育发达，主要为消化器官，属于循环型气质，喜欢安逸舒适、喜欢食物、喜欢与人交流情感，通常性情温和，容易相处，不容易犯罪；第二种是体力旺盛型，中胚层发达，常常从事各种需要充沛精力和冒险精神的活动，对疼痛反应迟钝，具有侵犯性甚至在与他人交往中表现得粗鲁无礼，因而容易犯罪；第三种是外胚叶发达型，外胚层型人的大脑和中枢神经系统比其他类型的人发达，大都个子高、身体瘦弱，属于分裂型，也容易犯罪。

有关犯罪行为与体型的研究是一个充满争议的问题，目前尚无定论。例如，格卢克夫妇认为，违法行为并不完全由体型特征决定，体型的差异只能使犯罪人对环境的反应方式有所不同。另外，相关研究表明，尽管中胚层体型者肌肉发达、身体强壮，很适合实施犯罪行为，但在统计中发现，无论对哪种类型的成年犯罪人，体型都没有很好的预测力。

三、双生子与犯罪

双生子分为两种：异卵双生子和同卵双生子。异卵双生子是由两个不同的卵子被两个不同的精子受精发育而成，他们的基因相似程度与普通兄弟姐妹相同。同卵双生子是由同一个卵子分裂成两个，形成两个胚胎。同卵双生子具有相同的性别和共同的基因，在外表和行为上都极为相似。大多数的双生子都生活在同一个家庭，生活的外在环境相对单一。因此，可以使研究者更好地研究遗传对于个体心理和行为的影响。

在双生子研究中，常用到的术语是"一致率"，指双生子的特定行为或生理状况所表现出的相似程度，常用百分比来表示。以一致率作为研究指标，人们发现，遗传因素对以下几个方面产生决定性影响：智力、精神分裂、抑郁、神经症、酒瘾和犯罪行为①。德国的精神病学家 J. 蓝格通过对 13 组犯罪的双生子进行观测，在 1928 年出版的《命定的犯罪》一书中指出，双生子在犯罪种类、犯罪次数、犯罪模式以及行刑中的状况等细微之处都存在惊人的相似，从实证的角度说明了遗传对犯罪行为的巨大影响。研究还发现，同卵双生子的犯罪一致性高于异卵双生子，有的甚至高出一倍。

四、染色体变异

从 20 世纪 60 年代开始，随着现代人体科学的发展，人们开始研究染色体与犯罪的相关性。人体细胞通常都有 23 对染色体，其中有一对是性染色体，男性为 XY 型，女性为 XX 型，染色体变异主要发生在性染色体上，常见的染色体变异有 XXY 型和 XYY 型两种。20 世纪 60 年代初，人们陆续发现犯罪人身上存在染色体变异比例偏高的倾向。其中，与犯罪相关性较高的是 XYY 型染色体。相关的研究报告表明：这种人身体修长，智力低下或

---

① ［美］Curt R. Bartol，Anne M. Bartol 著，杨波、李林等译：《犯罪心理学》，中国轻工业出版社，2009 年版，第 19 页。

不平衡，具有疯狂、残暴和犯罪的倾向，有进攻性，会多次进行杀人和性犯罪，且难以自制。值得注意的是，早期的研究尽管有大量的证据支持这一假说，但随着研究样本的扩大和研究内容的深入，人们开始怀疑这一假说。后来的研究表明，没有事实肯定"有染色体异常 XYY 型的人侵犯性比染色体正常的罪犯更大"①。

五、年龄、性别因素

相关研究表明，犯罪的数量、类型均存在显著的年龄差异。首先，从犯罪的数量来看，青少年是犯罪的高发人群，犯罪的低龄化趋势日益明显；随着年龄的增长，30 岁以后的中青年人生活、家庭日益稳定，自控力增强，人格发展成熟，犯罪率开始下降；尤其到了晚年，随着体力的衰弱，社会阅历的增加，犯罪率会更低。其次，从犯罪类型上看，青少年犯罪以盗窃、杀人、强奸、抢劫、故意伤害等暴力型犯罪为主；中年人则以贪污、诈骗等经济型犯罪为主；老年人则是以诈骗、盗窃和挪用公款为主。上述差异的形成都与各个年龄段的行为人的生理机能密切相关。

性别因素同样影响着犯罪人的行为表现。女性由于体力较弱、担负生育使命以及受社会的约束力较强等原因，具有被动性、忍耐性和自我克制力强等特征，因而女性的犯罪率要远远低于男性。在司法处遇时，女性犯罪因为性别特点，容易在侦查、起诉和审判阶段，受到一些警察、法官和检察官的宽大处理，使犯罪率降低。此外，在犯罪类型上，女性一般都属于非暴力型，如偷窃、诈骗、贪污、伪造等。在暴力犯罪中，女性一般都属于从犯，承担望风等不需要体力的角色。但是，部分女性犯罪人由

---

① 高汉声主编：《犯罪心理学》，南京大学出版社，1993 年版，第 62 页。

于家庭和社会等多重原因，在冲破了种种社会桎梏之后，变得更加冷酷无情，作案手段异常残忍。尤其要引起注意的是长期承受家庭暴力的妇女会发生犯罪的"逆恶变"，采用极端的手段来杀害家人。

六、脑病变、生物化学因素与犯罪

大脑，是决定或影响行为反应的决定因素。大脑功能的病变，尤其是神经生理因素异常或障碍会诱发个体犯罪。生理解剖学的研究表明，大脑边缘系统中的杏仁核，是产生、识别和调节情绪及处理感觉和情绪的脑部组织，这一部分的损伤会影响暴力行为的产生，而大脑最深处、最原始的部分——边脑，主要负责控制暴力行为[①]。此外，脑炎后遗症、脑外伤后遗症、大脑先天性缺陷和大脑其他病变等，都可能导致智力低下、性情易变、性格偏执、易受暗示性高、缺乏辨认和控制自己行为的能力。这种人在不良环境的因素诱发下，就可能出现异常行为或犯罪行为。例如，一名奸淫幼女犯罪人李某，在小时候就患有脑炎，经治疗后体征消失但有智能缺陷，具有社会适应能力较差，依赖性强等特征。再如，抢劫犯赵某，在年幼时头部两次摔伤，两次发烧惊厥，形成智力轻度落后，情绪很不稳定等特征。

生物化学因素也与犯罪行为密切相关，如内分泌系统、物质代谢异常等。人体是由多种化学成分构成的生物体，任何一种化学成分（包括微量元素）的变化都会对整个有机体产生影响，甚至诱发犯罪行为。例如，性激素的分泌异常与犯罪存在相关，男性睾丸酮分泌异常和女性孕酮的缺乏都可能引发暴力行为。低血

---

① 贾宇：《我国应重视犯罪生物学研究》，载《法律科学》，1995年第1期，第52~55页。

糖与侵犯行为也存在一定的相关，因为低血糖会影响脑功能的正常运行，出现急躁、忧虑、沮丧、哭叫等情绪障碍。人们还发现：人脑中分泌的肾上腺素含量高低与暴力行为的强度呈正比；存在于脊髓中的一羟色胺的作用就像是人体的刹车闸，若缺乏会使人对自己的行为失去控制；乙酰胆酸酯酶的作用则是破坏乙酰胆酸的分泌，从而抑制犯罪行为等。

综上所述，可疑人自身所具有的生物学因素，会成为其危险性的一个判断依据，具备一定的参考价值，包括可疑人的遗传体征、身体素质、内分泌、智力缺陷、性别、年龄、神经生理及生物化学因素等。例如，在年龄特征上，25 岁以下的青少年除了盗窃外，更容易从事抢劫、杀人、伤害等具有暴力性质的犯罪，同时也更容易结成帮派，共同犯罪；在性别特征上，女性生来体力较弱，犯罪率低；在犯罪方法上，具有一定的隐蔽性和非暴力性的特点，容易进行盗窃、诈骗等犯罪活动，此外，在恐怖犯罪中，女性更容易被作为人体炸弹；在生物化学因素上，人体内的内分泌、物质代谢异常，都可能引发相关的情绪异常，包括急躁、紧张、哭叫等特征，从而诱发暴力行为，如处于更年期的北京市公交车女司机掐死 16 岁女乘客案等。研究表明，人体内的肾上腺素、乙酰胆碱含量的高低，与暴力行为存在显著性相关。此外，以一致率作为研究指标，人们发现遗传因素对以下几个方面产生决定性影响：智力、精神分裂、抑郁、神经症、酒瘾和犯罪行为。

但是，危险可疑人的生物学因素只是安保人员进行危险识别的一个参考标准，是一种非决定性因素。生物学因素涵盖的领域非常广泛，只能为安保人员提供一个背景参考，为安保人员在接触具体的可疑对象时，提供一个大体框架，使他们在进行危险识别，尤其针对某些特定种类的信息时，具备一定的职业敏感性。例如，安保人员在面对酗酒者、吸毒者、具有典型面部特征的疑似被通缉的恐怖分子、处于发作期的精神病患者、举止粗鲁莽撞的青少年团伙时，就要保持清醒的头脑，提高警惕，一方面避免采用刺激性的语言和行为激怒对方；另一方面也要树立危机意识，采用适当手段，尽量控制对方的暴力行为，从而保护自己及周围人民群众的生命、财产安全。

第二节　危险可疑人识别的心理学基础

【引例】

某年某月，已经消失近 3 个月的杀童案犯罪嫌疑人刘某仍然在逃，中国公安部发布 A 级通缉令，把悬赏上升至 35 万元。刘某的特征是：身高 1.65 米，体态偏瘦，眉毛呈"八"字形；性格内向，为人孤僻，不爱与人说话，有精神病史；外出有戴鸭舌帽、草帽或头盔，肩膀或手臂挽、挂袋子行走的习惯。

提问：

如何利用所学的心理学理论，从相关的外貌特征上对危险人员进行识别？

一、危险可疑人的认知特征

1. 危险可疑人的感知觉特点

人类所有的意识来源于人的感知觉活动。感觉是认识的源泉，是人脑对直接作用于它的客观事物的个别属性的反映，包括视觉、嗅觉、味觉、听觉等。知觉是人脑对直接作用于感觉器官的客观事物的各个部分和属性的整体反映，知觉在感觉的基础上产生，是对感觉信息的整合和解释，包括空间知觉、时间知觉和运动知觉等。其中，感觉是主观与客观相互作用的第一场所，它以客观事物为源泉，以主观解释为方式和结果，同时感觉还为适应生存提供重要的线索或依据。通过感觉，犯罪人能够及时把握客观环境，捕捉对自己有利的信息，警惕和探测危险信号，提高犯罪机遇。个体的感觉还会受到希望、预期、习惯等的影响而出现偏差，如草木皆兵等。心理学上，我们把个体对刺激物的感觉能力叫作感受性。犯罪人在长期的犯罪生涯中，对刺激物的感受性会发生变化，导致感觉被强化或歪曲。

知觉的过程比感觉更为复杂，并不是对感觉材料的简单堆积，而是一个非常有组织、有规律的过程。知觉是建立在个体的经验背景基础上的，背景不同，人们对知觉对象的选择和解释就不同，从而表现出知觉的选择性和理解性。其中，对知觉产生影响的一个因素是知觉定式，是指主体对一定活动的预先准备状态。除了早期经验外，知觉者的需要、情绪、态度和价值观等也会影响知觉定式。例如，在一个闷热的下午，一位高中生在家复习后出来透透气，心情很压抑，于是对一切事物都觉得很烦躁，待人也不友好。这时候，不小心撞到一个社会青年，就很容易把当时的场景知觉为一个挑衅行为。

感知觉不仅能使人们获取外界信息，而且感知觉的丰富与否还影响人们的情绪与身体健康。心理学家曾做了一个感觉剥夺实验：把人置于一个没有任何刺激或极少刺激的环境里，使其没有或极少可能产生感觉。实验结果发现，被剥夺者的注意力不集中，思维不连贯，反应迟钝，烦躁，甚至产生幻觉、神经质症状或恐怖症。所以感知觉是人的心理发生或发展所必需的活动。人活着不仅要满足基本的生理需要，同时也要满足心理上的需求，寻求丰富的感知觉。对处于青春期的青少年来讲更是如此，为了寻求刺激，满足好奇心，他们会从事一些越轨性行为来满足自己的感知觉需要。此外，缺乏社会兴趣和正确人生观的犯罪人也会把满足感知觉当作人生的重要目的，并通过犯罪行为不断获得和强化这种本体体验。

2. 危险可疑人的记忆特征

记忆是人脑对过去经验的保持与提取。凡是人们感知过的事物、思考过的问题、体验过的情感以及操作过的动作，都可以以各种编码的形式保留在人的头脑中，在必要时又可以把它呈现出来，这一过程就是记忆。记忆将人心理活动的过去、现在和将来连接成一个整体，使人的心理不断发展。记忆可分为形象记忆、情景记忆、语义记忆、情绪记忆、运动记忆等。许多犯罪人在没有犯罪前，接触过一些不良信息或经历过一些挫折事件，这些事件分别以情景记忆、情绪记忆等方式深深地根植到犯罪人的记忆系统中，对犯罪行为的发生起到潜移默化的作用。例如，河南某县杀人犯黄某在很小的时候，曾看过一部影片叫《午夜屠夫》，看完后深深地被职业杀手的形象所迷惑，立志长大也要做一名职业杀手，体验做杀手的感觉。这种带有强烈情绪色彩的记忆被保留下来，一直伴随着他长大，当生活枯燥无味时就又涌入他的脑海，从而对他的犯罪行为起到了诱发作用。另外一名暴力犯阿伦，则常常记起小时候自己上学时的情景，穿着破烂的衣服，周围人投来鄙夷的目光，运动场上同学甚至都不愿跟自己抢球以及家长躲避的眼神，上述记忆进一步强化了他的反社会意识。

在实施犯罪前，早期记忆对犯罪行为的发生起着诱发作用。在实施犯罪行为后，犯罪者也会通过情景记忆、情绪记忆等方式重新回顾犯罪情节，不断总结经验，积累作案技巧。比如，有的犯罪者甚至故意保留和收集一些被害人的遗物作为收藏，在闲暇时回忆当时场景，满足自己的特殊需要，从而也对下一步的犯罪行为构成强化作用；有的犯罪嫌疑人在被抓获后，能够交代自己曾经做下的全部犯罪案件，甚至对所有作案工具和赃物的藏匿地点都非常清楚，这正是记忆内容被不断强化的结果。

3. 危险可疑人的表象与想象

表象是客观对象不在主体面前呈现时，在观念中所保持的客观对象的形象和客体形象在观念中复现的过程。想象是人脑对已有表象进行加工改造而形成新形象的过程。幻想是人具有某种向往和追求时出现的一种想象。表象、想象和幻想在犯罪心理的形成过程中起到了很重要的作用。首先，在犯罪前，通过观察学习，犯罪嫌疑人在脑海里储存了许多犯罪情节的表象，在此基础上加入个人的想象。例如，有一名犯罪人从中学开始就对杀人感到好奇，通过各种途径去了解各种杀人方法，包括绞杀、抹杀、勾杀等，在研究 5 年之后，杀死了一个邻家 5 岁的孩子。在杀这个孩子之前，这名犯罪人实际已经相当于从"杀人学校"毕业了，所有杀人的场景和细节经过表象、想象甚至幻想的加工后，进一步诱使他实施具体犯罪步骤，来完成他想象的内容。其次，在犯罪后，犯罪嫌疑人也会通过不断回忆犯罪的具体情节，通过保留受害人的一些物品，进行更多地想象，从而使下一步犯罪行为更加残忍。例如，杀人犯黄某在第一次杀人后，仍觉得不够过瘾，觉得自己不够杀手资格，就尝试用多种方法来杀人，甚至想办法一次杀掉两个受害人，以完成自己的杀人想象。此外，有的犯罪者由于生活枯燥，性格内向，往往通过上网、吸毒等方式，长期生活在虚幻的主观世界中，使自己与世隔绝，阻断自己对真实世界的感知，甚至混淆了现实和虚幻之间的界限，使自己处于一种病态心理的支配下，把自己幻想成上帝、有钱人甚至杀手，从而对现实世界的刺激做出不正常的反应。

4. 危险可疑人的思维方式

思维是人的认识的最高阶段。从思维过程上来看，犯罪者与正常人之间没有差别，都要经过抽象、概括等阶段。但是犯罪者的思维方式和思维内容却与犯罪行为密切相关。对此，学者沃尔特斯归纳出 7 种罪犯的思考方式，具体内容如下：

（1）自我安慰

自我安慰的技巧与中立化的作用机制很相似，主要是指犯罪人为了消除犯罪行为所带来的罪恶感与焦虑状态，企图将自己犯罪的责任推脱到外在的环境因素上，而把自己本身应负的责任尽量缩小或完全排除在外，以此获得道德上的中立。外部的责任包括社会的不公平、他人的影响等。具体包括以下几种：

第一，"受害者"心态。犯罪人常常会认为自己也是不公平的社会环境下的受害者，犯罪是他们迫不得已做出的选择。犯罪人认为自己是不良社会环境下的牺牲品，如家庭经济条件不好、政府不给予帮助、警察滥用职权、受害人太嚣张、社会太黑暗等，在这种环境下自己也无能为力，以此推脱自身责任。他们对自己的犯罪行为不做自我反省、检讨，而是把自己也当作一个无辜的受害者。

第二，"淡化"自己的社会危害性。犯罪人通常会尽可能地忽略或者缩小自己行为所带来的社会危害。他们会有意识地选择对自己有利的信息，过滤掉不利信息。例如，强奸犯会认为自己的行为不会造成很大伤害，对方不会有损失，盗窃犯会认为自己只是拿了公家的一些钱，对其他人没有影响，有的杀人犯会认为反正人迟早都会死的，自己只是让对方提前了。

第三，将犯罪行为正常化。认为自己和其他人没有什么区别，只是碰巧不走运被抓到了。例如，他们会认为犯罪行为非常普遍，世人皆为贼，自己只是在跟人学，没有什么不对。

（2）隔离

隔离又称切除斩断，主要是指犯罪者会利用各种方法来消除其从事犯罪行为的制止力。许多犯罪者常常无法有效处理来自现实生活中的压力与挫折，并且也意识到如果从事犯罪行为会给自己的家人、朋友带来麻烦与困扰。面对这种困境，犯罪者很容易用隔离手段来消除选择犯罪行为时所承受的焦虑、害怕以及其他压力。

犯罪人的隔离手段分为两种：一种是从自身做起，通过一种仪式来完成对以前状态的切除，称为内在的切除；另一种是借助于酒精和药物，称为外在的切除。内在的切除包括的仪式有：一句简单的脏话，如"去他的"等，通过这种骂人的方式，来发泄心中积压很久的压力感和不满情绪，同时也对后来犯罪行为的选择起到一种推动作用；仪式性动作，如扔掉烟头或者摔碎东西等，以此表示自己与原来的状态隔离，将要孤注一掷，义无反顾。外在的切除仪式包括借助酒精或药物等，使自己处于麻痹状态，摆脱内心深处的不安，从而摆脱恐惧，增加胆量。此外，犯罪人会借助视觉影像或音乐戏曲等富有情绪感染力的方式来放松心情或提升勇气。

（3）以"自我"为中心的自我特权

有些危险可疑人是长大了的幼儿，他们思考问题的方式是典型的以自我为中心。他们认为自己是独特的，有着与众不同的优越感，比其他人更加具有优势地位，因而可以去操纵他人的行为，而自己应该免于受到规范与法律的约束。这种"自我为中心"式的思维方式，使他们无视社会规范的要求，不尊重他人的个人空间，认为自己既然足够强壮和聪明，就可享有特权，可以采用非法手段从他人身上获取他想要的东西。因此，他们会认为自己偷窃只是单纯地取得钱财而已，并未伤害到其他人。一方面他们认可法律和规范的合理性；另一方面又认为自己有特权，可以不受其约束。

"自我为中心"的思维方式使犯罪者在面临冲突时，会将一些贪欲或特权看作自己的"需要和权利"，看作自己应得的利益，因而不计代价去满足。犯罪者把这种贪欲和特权降到需要的层次，就会抹杀道德上的界限，为自己的行为找到合理借口。例如，有些犯罪者会进行自我说服，告诉自己需要豪车、美食、流行的服饰和昂贵的珠宝，以此作为非法行为的借口。又如，一位小职员在每天下班的路上，都会看到一辆汽车停在自家门口附近，他偶尔会看看车里的装饰和音响。终于有一天，他按捺不住了，擅自打开车门，坐在车里，听着音响，感觉就像在自己家里一样，于是就把车开走了。

"自我为中心"的思维方式最极端的表现是极端的唯我化和病态化。例如，许多犯罪者信奉"人不为己，天诛地灭"的人生信条，把"人为财死，鸟为食亡"当作自己犯罪的借口；有的犯罪者甚至叫嚣："谁挡我的道，我就杀了谁""对他人的善良就是对自己的残忍，杀一个够本，杀两个赚一个"。

（4）象征性的权力取向

许多犯罪人都是日常生活中的失败者，处于社会的底层，属于弱势群体。自身境遇的卑微会造成他们的自我挫败感，自我评价低，很容易受外界的影响。为了克服自卑感，他们采用一种虚假的方式来获得对环境的掌控，以体验权威感和成就感，这种方式包括酗酒、持枪抢劫以及其他攻击行为等。通过酗酒和吸毒，犯罪者可以处于暂时的幻觉状态，幻想自己可以掌握大权，为所欲为，从而忘却或暂时弥补内心的害怕或无价值感。一个瘦弱矮小的抢劫者通过持枪来控制整个情境，会体验到威力十足的成就感。攻击行为分为两种：一是身体的形式，有的通过暴力和搞破坏等，以显示自己的优越和对环境的操纵性，有的则是以奇装异服来吸引众人的注意并获得满足；二是口头的形式，如与他人争辩，即认为自己较优越。

一旦脱离了外在的形式，犯罪人的这种权力感又会回到"零"的状态，重新体验到无能与无力感，对外在世界失去控制。因此，他会不断以这种非法的方式来获得一种虚假的权力感，如此循环往复，恶性发展。

（5）反向的虚情假意

犯罪是对人类的正直心和怜悯心的违反和破坏，是一种自私的行为，也是受到社会谴责的行为。犯罪人往往会被贴上冷酷无情、自私自利、欺凌弱小、残暴、贪婪等各种标签，由此产生罪恶感。为了摆脱这种罪恶感，犯罪人往往以自己较为正向或软性的一面来替自己的行为作辩护，用自我安慰或虚情假意的方式来中立化自己的罪恶感。

有的犯罪人在监狱的矫治活动中，对美学或艺术抱有极大兴趣，专心致力于从事此类活动，投入大量的情感和精力沉浸其中，乐此不疲，以此树立自己的正面形象，但是，一旦走入社会又会自我放纵，从事犯罪行为；有的犯罪人则对家人、弱小、受伤者或无助者极具爱心，利用非法所得为家人、朋友购买礼物或照顾小动物；有的犯罪人则特别强调自己的哥们儿义气，对自己的家人漠不关心，但对其他犯罪人的家人十分关心；有的贪污犯则在公共场合大肆宣扬廉洁奉公的重要性。犯罪人的所有上述表现，都是试图证明自己是个好人，淡化自己的罪行。

（6）过度乐观

许多犯罪人对于自己所从事的犯罪后果持盲目乐观的态度，明明知道犯罪后终究有被逮捕的一天，但却坚信自己有能力去避免，而且随着犯罪成功次数的增加，这种信念会更加坚定。最后，就算犯罪事实暴露，仍心怀侥幸，深信自己不会受到任何的法律制裁。有的青少年犯罪者在出狱后不到一星期，就又从事盗窃活动，根本不考虑被捕的可能性。

（7）认知怠惰

许多犯罪人本身往往较为懒惰，在思考方面也是如此，他们往往采取最简单、最不会遭到阻碍的思考方式，并且在行动过程中容易厌烦，常常半途而废。犯罪人在最初从事犯罪行为时，会做周密计划，花很多时间去评估犯罪成功的可能性，但时间久了就会变得懒散，不再去思考如何避免被抓获，忽略犯罪带来的后果。这种惰性的思维方式，使他们无法长时间地去关注一个长远目标的完成，无法承受短期的挫折，只把注意力集中到"快速致富"的短期目标上，寻求捷径获取物质利益。

二、危险可疑人的情绪与情感特征

【引例】

1. 某日上午，某市一栋大厦后门卸货区，一名快递员欲进入大楼时，被安保人员要求出示证件。快递员一怒之下持刀先后刺伤5名安保人员。

2. 某年年底，某市闹市区，一辆出租车与摩托车发生剐蹭，摩托车驾驶员李某掏出一把刀捅向出租车司机。李某事后称，他当时见出租车司机下车后有想打人的架势，便掏出平时防身用的刀向对方刺去。据了解，受害司机的肺部侧面位置被刺了一道长4～5厘米的伤口。

思考：

1. 情绪和情感在犯罪活动中起到什么作用？

2. 危险可疑人的情绪和情感具有哪些特点？

（一）什么是情绪与情感

心理学认为，情绪是个体与环境意义事件之间关系的反映，是外界事物是否满足个体需要的心理体验、生理反应和外部表现。凡是对人有积极意义的事件会引起肯定性情绪，如喜悦、快乐，而消极作用的事件则引起否定性情绪，如愤怒、悲伤。情感是对感情性过程的体验与感受，情绪是这种体验和感受状态的活动过程。相对于情感而言，情绪更多地代表着感情性反映的过程，与生物性需要密切相关。情感更多地与社会性需要有关，经常被用来描述具有稳定而深刻的社会含义的高级情感，如对祖国的尊严感、对事业的酷爱、为解除他人痛苦而生的快乐体验等。同时，也存在相反的情感，如将自己的幸福建立在别人痛苦之上的卑劣情感，或是面对他人时所产生的自我贬损感。又如，一位杀人抢劫犯在入室行凶时，将一对善良的夫妇捆绑起来，这对夫妻哀求的目光以及眼神中所流露出来的温顺、善良和恐惧，使这个杀人犯在受害人面前突然觉得自己无地自容，如此残暴无情，这时会有一种绝望和自罪心理产生，使他做出杀人行为。

（二）情绪与情感的分类

人的原始情绪体验有四种形式①，分别为：第一，快乐。一般是在所盼望的目的达到后紧张解除时产生的情绪体验。快乐的强度与目的达到的容易程度和突然性有关，一个目的越难达到，达到后就越快乐。第二，愤怒。愤怒是由于遇到与愿望违背的事或愿望不能达到、一再受阻碍时所引起紧张的积累而产生的情绪体验。当一个人明白受挫折的原因是某人或某事时，通常会对该人或该事产生愤怒情绪，尤其是对象明确的愤怒会诱发攻击行为。第三，恐惧。恐惧是个人企图摆脱、逃避某种情景时的情绪体验。当一个人不知道如何击退威胁、摆脱危险时，就会感到恐惧。第四，悲哀。悲哀是人在失去某种他重视或追求的东西时产生的情绪体验，失去的东西价值越大，引起的悲哀也越强烈。悲哀从强度上区分为遗憾、失望、悲伤和哀痛。

原始情绪是个体对外部世界的本能反应。在此基础上，人类个体又衍生出不同类型的复合情绪，包括：与接近事物有关的情绪，如惊奇、兴趣、厌恶、敬畏、滑稽、美感等；与感觉刺激有关的情绪，如烦恼、急躁等；与自我评价有关的情绪，如害羞、内疚、悔恨、自满、失望等；与人际关系有关的情绪，如同情、依赖、爱情、憎恨。

（三）情绪与情感的功能

情绪和情感是有机体适应生存和发展的一种重要方式，具有以下三个功能：第一，适应功能。情绪是人类早期赖以生存的手段。婴儿主要依赖情绪来传递信息，与成人进行交流，得到成人的抚养。成人也通过婴儿的情绪反应，及时为婴儿提供生活条

① 叶奕乾、何顺道、梁宁道主编：《普通心理学》，华东师范大学出版社，1991年版，第347页。

件。在成人生活中，情绪直接地反映人们的生存状态，是人们心理活动的晴雨计。人们通过情绪、情感进行社会适应，维护人际关系。例如，无论是儿童还是成人，均通过快乐表示情况良好，通过痛苦表示亟须改善不良处境，通过悲伤和忧郁表示无奈和无助，通过愤怒表示将进行反抗的主动倾向。总之，各种情绪的发生，时刻都在提醒着个人和社会，去了解自身或他人的处境和状态，以求得良好适应。第二，动机功能。情绪、情感是动机的源泉之一，是动机系统的一个基本成分。适当的情绪兴奋能够激励人的活动，提高人的活动效率。适度的紧张和焦虑能促进人积极地思考和解决问题。情绪对于生理内驱力（drive）具有放大信号的作用，成为驱使人们行为的强大动力；情绪是一个独立的心理过程，有自己的发生机制和发生、发展的过程。作为脑内的一个检测系统，对其他心理过程具有组织的作用。积极情绪具有协调作用，中等强度的愉快情绪，有利于提高认知活动的效果。消极情绪具有破坏、瓦解作用。情绪的组织功能还表现在人的行为上：积极、乐观时，行为比较开放，愿意接纳外界的事物；消极情绪时，易失望、悲观，放弃自己的愿望，甚至产生攻击性行为，有时会显得更有礼貌。第三，信号功能。情绪、情感在人际间具有传递信息、沟通思想的功能。情绪的信号功能是通过情绪的外部表现，即表情来实现的。表情是思想的信号，如微笑、点头等，表情也是言语交流的重要补充，如手势、语调等。情绪的适应功能也正是通过信号交流作用来实现的。

（四）情绪与情感的适应不良分析

情绪、情感是人类自然属性和社会属性综合作用的结果。首先，从人的社会属性来看，情绪、情感作为交际手段和活动动机，受社会规范的制约。其次，从人类的自然属性来看，情绪、情感又受大脑的低级中枢的支配，在一定程度上具有不可控性。在个体的发展过程中，由于受到复杂的环境事件和个体本身人格特征的影响，情绪、情感的发展出现变异，导致适应不良，从而影响到社会适应行为的异常，甚至诱发犯罪行为。适应不良的情绪、情感主要包括以下三种：

1. 依恋感的缺失

依恋感是指人在生命早期出现的情感表现，最初来源于有机体在其生命早期的敏感阶段对最先看到的活动物体产生依附的现象。依恋感的产生是人在生命初期与生俱来的一种反应。最初对依恋现象进行研究的是奥地利的动物学家康德拉·洛伦兹，他发现，新孵化的小鸭子会本能地追随它们看到的第一个活动物体，无论其是否是自己的物种成员，这个现象被称为印刻。洛伦兹认为，这种印刻效应是自动化的和不可逆的，是由学习的先天倾向导致的。通常，这种本能的联结是和母亲之间建立起来的，但如果事件发生的自然程序被打乱，则会建立其他的依恋，或者不会建立依恋。依恋感的建立有一个特定的时期，称为"关键期"。在这一特定时期，某一事件的发生或缺失会对依恋感发展产生特定影响。如果一个必要的事件在成熟过程的关键期没有发生，则常规的发展也不会发生，而且其导致的反常模式是不可修复的。关键期也可以发生在儿童早期，在关键期剥夺儿童的某些特定经验，可能会导致其生理和心理发展的迟滞。心理学的研究表明，依恋感建立的关键期是个体出生后 1～3 年。人的交往和人际关系需要也正是在这最初三年建立的依恋关系基础上发展起来的。

依恋感的建立是人际交往的基础，没有形成依恋的人会有终身的社会情感缺陷，成年后，他们对社会或他人会比较冷酷和残忍，而且也很难和家人形成良好的亲密关系。依恋感也是抚养人对孩子进行心理控制的资本，让被抚养者心甘情愿地接受抚养者的要求和观念。反之，如果没有抚养过程和依恋现象，抚养人就很难支配和控制孩子的心理①。

目前，中国正处于社会转型期，家庭的教育功能逐渐缺失。大量的农民工涌入城市，许多孩子成为留守儿童，缺少父母的抚养和教育，依恋感没有建立起来，一旦进入青春期，和他人进行深入的人际互动时，早期遗留的情感问题就会暴露出来。他们在遇到挫折时往往采用攻击的解决方式，崇尚暴力，作案手段残酷无情，这与早期的教养方式密切相关。

2. 抑郁

人类文明的进步在某种程度也伴随着人性的压抑。人人都有过抑郁的体验，抑郁是生活的一种正常情绪。但是，在持久和严重的情况下，抑郁可转化为病态情绪，使人对自身处境不能做如实判断，因为过度压力感而情绪低落或失望，对生活失去兴趣和责任，产生回避社会和企图自杀等极端意念和行为，部分危险可疑人会因扩大性自杀而犯下严重罪行。

抑郁产生的根源有很多。失去亲人、失去已有的尊严和荣誉、失去社会承认和支持、失去对环境的控制感、长期遭受疾病折磨、受到家人歧视和虐待，都可能导致抑郁。抑郁的前期情绪、情感是愤怒，抑郁的人会对导致其产生挫败感的对象产生愤怒，但是因为迫于社会舆论、害怕失去对方、担心失去学业和工作等而压抑愤怒，或者由于不敢暴露自身的愤怒与嫉妒去攻击对方，而使愤怒内化，转向为攻击自己，认为自己无能和自责，自我感到无力应付，同时还伴随着严重的悔恨和自罪感，缺乏改善

---

① 李玫瑾著：《犯罪心理研究——在犯罪防控中的作用》，中国人民公安大学出版社，2010年版，第29页。

自身环境的勇气。抑郁是一种复合情绪，除了愤怒外，痛苦、厌恶、轻蔑、恐惧、羞愧、内疚也包括在抑郁中①。痛苦和愤怒是导致抑郁状态持续存在的一个基本情绪。若持久和过度发生，会导致个体的适应不良和病变。其他情绪的加入会使个体表现出不同的行为方式。例如，愤怒、厌恶和轻蔑的复合情绪是敌意，而恐惧、羞愧和内疚则使人自责和失去自信。这些情绪在抑郁中所占的成分不是一成不变的，根据诱发情境的不同，会有不同的结果。例如，有的犯罪人长期处于抑郁状态，对家人的怨恨情绪较多，后赶上拆迁，所有的家庭积怨爆发，对家人的怨恨升级，遂决定采用杀掉全家后再自杀这种极端的方式。

3. 心理应激

心理应激是有机体在某种环境刺激作用下由于客观要求和应付能力不平衡所产生的一种适应环境的紧张反应状态。它的发生并不伴随于特定的刺激或反应，而发生于个体察觉或估价一种有威胁的情境之时，因此，针对同样的刺激情境，每个人的应激状态也不一样。心理应激属于情绪中的紧张状态，包含着多种负性情绪，包括震惊、恐惧、愤怒或者压抑等。其中，与犯罪相关的情绪是愤怒。愤怒常常由于意外事件或对立意向冲突引起，在愤怒的作用下，犯罪人的认识活动范围会缩小，失去理智和控制能力，整个人都卷进去，因冲动而犯罪。

犯罪情境中的应激事件主要来源于人际交往中的冲突。有的犯罪人长期处于人际交往的不良境遇中，心中已积攒了多年怨恨，一旦诱发事件出现，很容易发生过激反应。有的犯罪人则具有创伤性的经验，一旦被别人重揭伤疤，则会因恼恨而犯罪。还

---

① 孟昭兰主编：《普通心理学》，北京大学出版社，1994 年版，第 429 页。

有的犯罪人对自己的认识不清楚，别人的一个眼神乃至一句话都会被认为是挑衅和人格侮辱，从而激发愤怒情绪。

三、危险可疑人的犯罪动机

（一）犯罪动机的含义和特征

在心理学上，动机是指发动、指引和维持躯体和心理活动的内部过程，是决定行为的内部动力。犯罪动机是驱使行为人实施犯罪行为以达到一定犯罪目的的内心起因或意识冲突，是推动犯罪人实施犯罪行为的内部动力，也是个体的反社会需要的具体表现。犯罪动机具有下述五个特征：

第一，主观性。犯罪动机反映的是犯罪人内心的主观活动，是犯罪人在实施犯罪过程中特有的一种心理现象。

第二，相对性。犯罪动机与犯罪行为之间没有必然的联系，犯罪人即便有犯罪动机也不一定会必然实施具有严重危害后果的犯罪行为。

第三，动态性。犯罪动机的形成过程会受到各种因素的制约而不断发展变化。首先，在形成初期，犯罪人会经历各种心理冲突和动机斗争，最终选择一种犯罪动机；其次，犯罪动机形成后，也会随着犯罪人主观需要的强度、性格特征以及外界环境的变化而不断变化。

第四，低级性。由于受到文化教育、知识水平、社会生活环境等不良因素的影响，一些犯罪人会形成消极的人生观和世界观。对于他们来说，低级的物质需要和生理需要是他们生活的全部和追求的唯一目标，为了满足这些需要，他们会冲破人类社会的种种禁忌，不择手段，加以满足。相反，犯罪人很少会为了满足较高的社会和精神需要而去犯罪。

第五，复杂性。每一起犯罪都在犯罪者心中有一个关于动机的神秘故事。在每个犯罪人身上，并非只存在一种动机，往往是多种动机并存，这些动机的种类和力量的对比构成一个复杂的动机体系，而法学所关注的大多是起主要作用的明显的动机。

（二）犯罪动机的分类

不同的犯罪动机，不仅直接反映了犯罪人主观恶性程度的大小，也表明了不同犯罪行为的社会危害性差异，因此，对于量刑轻重具有重要意义。为了更好地了解犯罪动机，我们可以按照不同的标准对犯罪动机进行分类。

1. 物欲型动机

此类犯罪是指为了满足衣、食、住、行等方面的物质需要，或者为了聚敛财富而引起的犯罪行为。这类犯罪人将物质需要、生理性需要放在首位，爱慕虚荣，具有明显的利己主义倾向，缺乏同情心，动机结构比较单一。例如，他们犯罪主要是为了吃喝玩乐、买高档用品、筹备婚礼或解决一时经济需要等。为了达到这一目的，他们会事先进行预谋，在权衡利弊得失后，选择犯罪时机。在法学上，与这类犯罪动机存在密切相关的有这几类犯罪行为：第一，侵犯财产罪中所列的各项犯罪行为；第二，金融诈骗罪中所列的各种犯罪行为；第三，贪污贿赂罪中的贪污、受贿等犯罪行为；第四，其他以贪利为动机、以非法占有为目的，通过侵犯他人财产所有权而获得财产利益的行为。

2. 性欲型动机

此类犯罪是以满足性欲为目的或以性行为为手段达到其他目的的犯罪行为。性犯罪是一种特殊的犯罪行为。性行为本身并不是违法的，只是在其满足性冲动的方法上触犯了法律的规范。与性欲型动机存在密切相关的犯罪类型有强奸罪，轮奸罪，奸淫幼女罪，侮辱、猥亵妇女罪和聚众淫乱罪等。性欲型犯罪动机的结构比较复杂，除了满足基本的感官需要外，在其他犯罪动机上也存在很大差别：有的犯罪动机是为了寻求控制与权力，以减轻不安全感和自卑，恢复自信；有的是因为对妇女有敌意、轻视、憎恨心理，性的满足处于次要地位；有的与暴力融合在一起，从折磨被害人中获得满足；有的是因为好奇，加上个人经验、学习模仿、人格缺陷而产生性犯罪。在不同的动机结构下，他们的作案方式存在很大差异，作案手段复杂，犯罪行为残忍。尽管动机结构复杂，但是此类犯罪人也存在共同之处：犯罪人大都存在异常的性爱心理、错误的性观念以及腐朽的生活情趣；他们的智力较低，多是未婚青少年，犯罪的重复性较高，强奸犯累犯率高达22%；大多数性犯罪者都缺乏同情心，缺乏将自己置身于受害者的位置上考虑其感受的能力。

3. 报复型动机

此类犯罪是由于犯罪人的某种愿望受到阻碍，或犯罪人自身的某种利益受到损害而产生的对阻碍者或干涉者的一种报复型犯罪行为。例如，犯罪人可能会因为婚姻恋爱受挫、尊重需要受挫、个人恩怨或不公正待遇等因素而激发犯罪行为。主要的犯罪形式有两种：暴力方式，包括行凶、杀人、放火、爆炸等；非报复方式，在经过长期筹划，计划周密，掌握作案时机的基础上，暗地里散布他人的流言蜚语，暗做手脚，或栽赃陷害，或借刀杀人，表面伪装成好人甚至巧言奉承，内心阴险狠毒，暗下毒手。此类犯罪动机结构复杂，往往是多种动机交织在一起。其中，不满和仇恨情绪是他们犯罪动机中的共有成分，犯罪目的很多是发泄情绪。这类犯罪有的有预谋，有的则凭冲动，犯意一定便孤注一掷，不计退路。报复型犯罪人的共同个性特征是狭窄、固执和自我中心。

4. 信仰型动机

信仰是对某种主义、思想、宗教或迷信的极度信服和尊重，并以此作为信念来支配行动。信仰型犯罪是指由反社会的信仰引起的犯罪，主要包括政治信仰型、宗教信仰型、邪教信仰型和封建迷信信仰型犯罪等。信仰型犯罪动机的形成主要基于以下几种需要：出于某种政治的需要；出于反社会的自我实现需要；出于报复社会的需要；出于寻求归属的需要；出于寻求放弃责任感、获得精神上的安全感或是被动的依附感的需要等；或以上需要兼而有之，但所占比重不同。其中，邪教、迷信信仰犯罪具有崇尚超自然力量、虔诚、畏惧、狂热、强烈的反社会性情感等心理特征。这些人在加入邪教以前，具有下列特征：有抑郁症或严重的人格障碍；社会联系十分有限，有较严重的自卑感、忧伤感、孤独感和背弃感；有强烈渴望被人爱护、被人关怀的意识；个人的发展遇到困难或陷入迷境之中。基于上述原因，邪教领袖往往会通过宣扬"末世"、崇拜教主、鼓吹练功等方式，给予成员自我内聚力、生命意义和心理支持，从而使他们心理扭曲，失去判断能力甚至公开做出骇人听闻的犯罪行为。例如，有一位信教的妻子自认身怀很高的"功力"，而丈夫必须"过阴还阳"才能消除灾难。于是，妻子和两名"香客"捂死丈夫帮其"过阴"，丈夫却未再"还阳"，而妻子和两名"香客"的行为被法院认定构成故意杀人罪。

【背景知识】

邪教领袖的人格特点：第一，趋向将世界、自己分裂为善恶两极；第二，个人人际关系既紧张又不稳定，并在理想化与过分贬低两个极端间交替；第三，在性行为、金钱花销和物质使用方面表现十分冲动；第四，情绪变化快，易怒且难以克制；第五，反复出现自杀威胁或行为；第六，拼命避免真实的或者想象的背弃；第七，对个人自我形象或两性认同缺乏信心；第八，遭遇压力时，会与现实短暂脱离或出现短暂偏执思维。

第三节　危险可疑人识别的行为学基础——差异性行为分析

【引例】

王某是一名公共汽车上的司机，因三块钱的票价，与售票员刘某将乘客杨某打得遍体鳞伤，并强行驾车到郊外，用随车的一根铁棍照向其头部连续猛击，将杨某活活打死。随后，王某和刘某等人将杨某的尸体抛至路边沟内，逃离了现场。

提问：

试分析为区区三元车票钱杀人的王某和刘某，他们的行为方式有哪些特点？我们该如何识别有攻击行为的危险可疑人？

一、什么是差异性行为分析

差异性行为分析方法，是指通过观察，将可疑人与其周围的环境、其他人群以及个体的具体行为，进行比较分析，发现其中的异常之处，找到具体的可疑证据，从而识别危险人员的一种方法。准备实施危险行为的可疑人，会充分利用周围的环境和人群进行掩护，伺机而动，为了不被察觉，他们会尽量表现出良好的适应力，努力与周围的环境气氛保持协调一致，但是因为行为的动机和自我控制水平的不同，在一些具体的行为细节上，仍与正常的乘客或行人存在不同之处。通过对这些不同之处进行对比分析，我们就可以比较准确地找到识别线索。安保人员可以通过可疑人与周围的环境、人群以及具体人际互动中的行为方式，来进行观察比较。

二、差异性行为分析的具体方法

（一）与周围环境的差异性行为比较

可疑人所处的环境包括自然环境和物理环境，具体包括时间、温度、季节、地理状况、交通状况、人群密度程度等。通过观察可疑人对周围环境的适应性行为，安保人员就会发现可疑线索。具体内容包括：在炎热的夏天穿厚重的衣服；大白天一个人去钻大路边的灌木丛；一个人在车站前的公共车道内反复徘徊；在大型集会时占据大楼的最高处；深夜出现在偏僻的街道上；在花园、树丛、桥梁、涵洞或未竣工的楼房等处藏身或落脚过夜等；凌晨攀爬落水管、窗栅栏等；在重要场合，出现在敏感的时间和地段，距离焦点人物过近；深夜将车停在要害部门附近，不熄火，随时准备发动；乘坐的渔船上没有任何捕鱼工具等。这些线索，都可能成为安保人员识别危险可疑人的重要证据。

（二）与周围人群的差异性行为比较

可疑人出现在公共场合的主要目的是实施危险行为，与周围人群的关注点不同，在行为表现上就会与周围人群或同行人存在差异，主要表现在：（1）过分关注周围人。为寻找潜在的受害人，可疑人会主动观察或暗地观察、靠近潜在被害人，甚至与潜在被害人套近乎，表现出陌生人之间较少出现的关注度。（2）过分疏远周围人。一些逃犯或者犯罪人员，不与周围人交流，甚至一言不发。（3）与同行人之间关系怪异、不和谐，如一方热情，对方却惊慌、恐惧，遇到安保人员还可能故作亲密。（4）在庆典或演唱会时，心神不宁、坐卧不安、东张西望甚至在人群情绪激昂时离开自己座位。（5）与人群的流向不同。例如，在拥挤的车上，不是待在一个地方，而是挤来挤去或是长时间在人群集中的过道内停留。（6）与周围人的举止和携带物品不同。例如，在航站楼，乘客只带着买菜用的小推车或是没有任何行李；有的残疾人只身一人，没有任何行李和包裹；等等。在实际工作中，可疑人虽然存在上述线索，但是因为混迹在人群中，很容易被忽视，主要原因之一是存在旁观者效应，虽然周围人都觉得其行为可疑，但有责任分散和他人在场等因素，大家都会选择视而不见。正在巡逻的安保人员，首先需要克服人群效应，要善于发现可疑人的上述线索并采取相应措施，防止发生危险。

（三）与其他人员的应激性行为比较

当可疑人遇到安保人员巡逻、查验证件或询问时，他们的反应会与其他人存在很大不同。他们的眼神会左顾右盼、偶尔流露出惶恐和惊慌，在行为上也有惊慌、躲避安保人员或讨好安保人员的表现。其中，躲避安保人员的主要表现为在空间位置上与安保人员拉开距离、努力避免与安保人员接触、与同行人突然分开、急忙挂断电话等。讨好安保人员，主要表现为语言上关心安保人员，关注安保人员的工作，甚至在行动上给予安保人员支持等，以此转移安保人员的注意力。通过近距离观察对方的微表情或身体语言，安保人员可以有选择地进行重点追踪，杜绝安全隐患。

【思考题】

1. 解释下列概念：

情绪动机　　差异性行为比较法

2. 危险可疑人的防御性思维方式有哪些？如何在工作中进行具体识别？

3. 危险可疑人的犯罪动机有哪些类型？

4. 案例分析题

90 后搬运工砍死母子　庭审满不在乎求判死刑

某年某月，北京市第二中级人民法院开庭审理被告人刘某故意杀人、盗窃一案。刘某在法庭上极不耐烦，神情中满不在乎，对被害人家属没有半分歉意，检察官视其为藐视法庭。

18 岁的搬运工刘某被指控因不满尹女士让他帮忙照看孩子，持斧子将她及其 2 岁儿子砍死。庭审现场，死者家属手举遗像，极度悲愤，但刘某满不在乎，甚至面带笑容。他称早想轻生，只求法院速判他死刑。

刘某 1993 年出生，东北人。案发前在北京朝阳区的一家商贸公司当搬运工。被害人尹女士是公司会计、老板的儿媳妇。刘某说，他与尹女士并无矛盾。2011 年 5 月 22 日是一个周日，他本想睡懒觉，结果早晨 6 点多就被老板叫起来卸货。"我平时没那么大气，那天不知道怎么，就是特别生气。"上午 8 点多，他来到公司厨房，往一锅粥里放了二三十片安眠药。"我想大家吃完都会想睡觉，就不用干活了。"约一个小时后，老板和几个员工都出现头晕、恶心等症状，遂去就医。

刘某说，到了晚上他想睡觉，可正在洗衣服的尹女士既让他修电灯，又让他哄孩子。"我当时特别来气，说不愿意哄。她说你是打工的，让你哄你就哄。"两人先是争吵，后来就你推我、我推你地动起手来。"我抄起墙角的斧子向她头上砸过去，想教育她就完事了。"他说，没想到尹女士抱着孩子喊："杀人了，救命啊。"孩子也在哭，"我当时害怕了，就下了死手。"

　　刘某的辩护律师指出，刘某幼年父母离异，跟随父亲生活。4 岁时父亲因杀人被判死刑，刘某遭受过后母虐待。这些非同常人的遭遇造成了他的人格缺陷和偏激性格，也使其人生观偏离了常态。虽然鉴定显示刘某具有完全刑事责任能力，但希望法院考虑他的成长经历对他判刑时留有余地。

　　问题：

　　试从生物学、心理学和行为学的角度，对刘某的特征进行分析并尝试找出识别的方法。

第三章　危险可疑人识别的具体方法

本章主要分为两个部分：第一部分，阐述观察和识别危险可疑人的具体方法；第二部分，微表情分析在识别危险可疑人上的具体应用。

【本章学习任务】

1. 掌握识别危险可疑人上的具体方法；
2. 掌握遇到危险时人的三种反应方式；
3. 掌握微表情识别的四种分析方法。

第一节　观察方法

【引例】

某年某月，云南省的一个偏远山区发生一起故意杀人案件，犯罪嫌疑人李某用其疑似半自动步枪打死 5 人，打伤 3 人。犯罪嫌疑人身高 160～170cm，案发时身穿一套黑色西装，内着白色黑条纹衬衫，脚着黑色皮鞋，留中长发，身材中等偏瘦，持有一支疑似半自动步枪，随身携带的手机号码为……案发后驾驶一辆绿色吉普车逃离。

　　提问：

　　在具体工作中，安保人员要采用哪些方法对危险可疑人进行识别呢？

　　安保人员发现和识别危险可疑人的途径有很多种，我国学者蔡宏光、庄禄虔等人针对一线警务人员辨识可疑人的具体方法进行了详细总结①，其中21条方法如下：瞬间识别法，全方位观察法，重点观察法，带案观察法，时段观察法，地点观察法，浏览观察法，定向观察法，突然发问察反应法，"十看、十对"法，心理观察法，眼神观察法，身份可疑者的观察法，行为可疑者的观察法，携带可疑物品者的观察法，五官姿态观察法，目光审视法，手势观察法，物理站位法，辨别、辨认法，其他异常的可疑者的观察法。笔者将所列方法中部分内容结合安保人员的实际工作情况稍作改动。

一、瞬间识别法

　　瞬间识别法，是指安保人员在日常工作中结合以往经验，通过综合运用自己的视觉能力、记忆能力和快速反应能力迅速捕捉可疑人的反常行为、动作和危险信号特征，快速辨别可疑人的一种方法，如可疑人躲闪的眼神，快速飘过的步伐等。

――――――――――

　　① 蔡宏光、庄禄虔主编：《辨识可疑人28法166招》，北京：中国人民公安大学出版社，2010年版，第2～21页。

二、全方位观察法

全方位观察法，是指安保人员充分调动自己的感官系统，集中调动自己的注意力，从视觉、听觉、嗅觉、触觉等各个角度，对可疑人进行立体和全方位的观察。

三、重点观察法

重点观察法，是指安保人员在一个场所的重点部位，专门针对一个可疑对象进行观察的方法。其中，安保人员要根据工作场所的性质不同，着重选择重点部位。例如，在学校、商场和物业等工作场所，安保人员观察的重点，就不仅局限在大门口，还要观察所有延伸通道的出入口处，包括旁门、小门甚至窗户和凉台等。在对可疑人进行观察时，要重点识别观察对象的反常举动，注意其双手是否在视线范围内以及是否有逃跑或袭击安保人员的行为等。

四、带案观察法

带案观察法，是指安保人员根据公安机关通缉的犯罪嫌疑人特征，对工作对象进行观察、寻找和发现线索的方法。具体包括可疑人的面貌特征、衣着打扮等。

五、时段观察法

时段观察法，是指安保人员根据不同类型的违法犯罪可疑人的活动规律，在一天内的案件高发时间段通过观察来确定可疑人的方法。例如，在飞机客舱里，凌晨 0 ~ 4 点，人们都已入睡时，是盗窃案的高发期，航空安保人员就要在这个时段，进行密切观察。

六、地点观察法

地点观察法，是指安保人员对违法犯罪可疑人常出没的道路、地点和场所进行观察的方法。例如，对于盗窃案件，主要是进行定点观察；对于抢劫案件，就要进行定面的观察。

七、浏览观察法

浏览观察法，是指安保人员通过环顾四周、兼顾远近等方式，对工作范围内的人、事、物有个大致的了解，能够充分感受到现场的气氛。在广泛浏览的基础上，安保人员也要抓住重点，便于及时发现可疑人与其他人群在行走方向和方位上的不同之处。

八、定向观察法

定向观察法，是指安保人员对可疑人的着装特点、语言情况、携带物品以及各种特征标志进行观察的方法。具体包括锁定目标的定位观察和边走边看的巡视观察。

九、突然发问察反应法

突然发问察反应法，是指安保人员对可疑人应激反应进行观察的方法。安保人员可以先用客气和蔼的语气要求对方出示车票和身份证，然后突然问对方的关系和乘飞机的目的，以此观察对方的反常举动。

十、"十看、十对"法

"十看、十对"法的具体方法包括：看体貌对年龄；看衣着对身份；看言行对学历；看举止对职业；看证件对姓名；看原籍

对口音；看物品对来由；看同伴对关系；看去向对方位；看神情
对心态。

十一、心理观察法

心理观察法，是指安保人员针对危险可疑人的情绪外在表现
进行观察，这些情绪包括敏感、多疑、慌乱、恐惧等。

十二、眼神观察法

眼神观察法，是指安保人员根据危险可疑人的眼神特征进行
观察的方法。具体内容包括：眼睛清澈明亮可能表示为人正派、
正直；眼睛晦涩可能表示不正不纯之人；眼神飘忽不定、左顾右
盼可能表示心怀奸邪；目光沉着、镇定自若可能表示心无杂念、
堂堂正正等。

十三、身份可疑者的观察法

身份可疑者的观察法，是指安保人员根据可疑人的身份与外在
特征进行对比的观察方法。具体包括：持假身份证的人；与身份证
相貌、年龄、籍贯等有明显差别或不相符的人；持几个身份证或几
种工作证的人；行为与所处的时间、空间及装束不符，且神色慌张
的人；身份与语言、行为举止、穿着气质、携带物品有矛盾的人。

十四、行为可疑者的观察法

行为可疑者的观察法，是指安保人员对危险可疑人的反常行
为进行观察的方法。具体包括：（1）神态异常、行为慌张、在人
群中挤来挤去的人；（2）在居民区、商场、仓库、银行等地方窥
视、鬼鬼祟祟不愿离去的人；（3）不断地接近妇女、儿童，并与

之同行，看到警务人员后躲躲闪闪、表情惊慌、疾步走开的人；
（4）神色可疑且在人群中窜来窜去的人；（5）在一些重要场所东
张西望、神色慌张、坐立不安的人。

十五、携带可疑物品者的观察法

携带可疑物品者的观察法，是指安保人员针对危险可疑人携
带物品进行观察的方法。具体内容包括：是否携带可疑的作案工
具、数额较大的现金、毒品、枪支、凶器等；在夜间携带数量较
多、体积较大、包装无规则的包裹的人等。

十六、五官姿态观察法

安保人员可观察的五官姿态包括：（1）头的转向；（2）摘下
眼镜，轻轻揉眼或擦眼镜片，表示怀疑和思考；（3）不停地吸
烟，深吸一口之后，将烟向上吐，表示自信和决断，向下吐，表
示情绪低沉、犹豫、沮丧等；（4）把头垂下；（5）拿起帽子或
包；（6）其他内容包括性别、年龄、身高、面相、眉毛、发型、
胡须、体态、习惯性动作、衣着服饰、携带物品等。例如，体态
较瘦小、身高162厘米左右、皮肤较黑、左脸上有伤疤，眉毛上
有黑痣等。

十七、目光审视法

目光审视法，是指安保人员通过设身处地地观察可疑人的关
注点，来发现可疑行为的方法。具体包括：（1）眼神的偶然快速
转动，其实藏巧露拙，是极聪明狡猾的人；（2）可疑人关注非常
繁忙的路上的行人或重点部位；（3）可疑人的眼神盯在人和物体
的什么部位；（4）可疑人是不是正受酒精或药物的影响；（5）头

向前倾，有些人还从眼镜上方窥视，好像要把对方看得更加清楚，这表示拒绝的姿态等。

十八、手势观察法

手势观察法，是指安保人员通过观察可疑人的手势特征，从而对其心态进行推测的方法。具体内容包括：（1）掌心向上：表示谦虚、诚实、友好，不带有威胁性；（2）掌心向下：表示防卫、控制，带有强制性，易产生抵触情绪；（3）背手：表示权威、自信，也可表示紧张不安的状态，如果俯视踱步，则表示沉思；（4）伸手：手伸出并敞开双掌，给人言行一致、诚恳的感觉；（5）搓手：等待时的急切期待；（6）遮掩手：有不可告人的秘密，有危险性；（7）握拳状；（8）手在桌子等物体上敲打，眼睛游离，腿抖动，表示厌烦等。

十九、物理站位法

安保人员可以通过可疑人站立的位置、方向和活动轨迹，来进行识别。具体内容包括：站位方向；面对面的站姿或坐姿；突然改变站位；在人群中的站位，等等。

二十、辨认、辨别法

具体内容包括，观察对象的性别、年龄、身高、面相、眉毛、发型、胡须、体态、习惯性动作、衣着服饰、携带物品等。例如，体态较瘦小、身高 162 厘米左右、皮肤较黑、左脸上有伤疤，眉毛上有黑痣等。

二十一、其他异常的可疑者的观察法

具体包括：身负枪伤或可疑外伤，浑身血迹或有污痕的人；

衣服被撕扯或破损严重的人；驾驶的汽车挡风玻璃有裂纹、破碎现象，车锁有明显撬痕的人；女的神态异常，或男的主动、女的害怕，纠缠不清的人；衣着整洁，却在树丛、杂草等黑暗角落藏身的人；在尚未竣工的楼房、桥梁、涵洞以及工棚等处落脚躲藏或就寝的人等。

【测一测】 观察力测试

1. 进入某个机关的时候，你：A. 注意桌椅的摆放；B. 注意用具的准确位置；C. 观察墙壁上挂着什么。

2. 与人相遇的时候，你：A. 只看他的脸；B. 悄悄从头到脚打量一番；C. 只注意他脸上的个别部位。

3. 你从看过的风景中记忆了：A. 色调；B. 天空；C. 当时浮现在心里的感受。

4. 你早晨起床后：A. 马上就想应该做什么；B. 想起梦见了什么；C. 思考昨天都发生了什么事情。

5. 当你坐上公共汽车，你：A. 谁也不看；B. 看看谁站在旁边；C. 与距离你最近的人搭话。

6. 在大街上，你：A. 观察来往的车辆；B. 观察房子的正面；C. 观察行人。

7. 当你看橱窗的时候，你：A. 只关心可能对自己有用的东西；B. 也看看此时不需要的东西；C. 注意观察每样东西。

8. 如果在家需要找什么东西，你：A. 把注意力集中在这些东西可能放的地方；B. 到处寻找；C. 请别人帮忙找。

9. 看亲戚和朋友过去的照片，你：A. 激动；B 觉得可爱；C. 尽量了解照片上都是谁。

10. 假如友人建议你去参加你不会的赌博，你：A. 试图学会玩，并想赢钱；B. 借口学过一段时间再玩而给予拒绝；C. 直言说不会玩。

11. 在公园里面等人，你：A. 仔细观察旁边的人；B. 看报纸；C. 想某件事情。

12. 在满天繁星的夜晚，你：A. 努力观察星座；B. 只是一味地看天空；C. 什么也不看。

13. 你放下正在读的书，总是：A. 用铅笔标记读到什么地方；B. 放个书签；C. 相信自己的注意力。

14. 你记住你邻居的：A. 姓名；B. 外貌；C. 什么也没有记住。

15. 你在摆好的餐桌前：A. 赞扬它的精美之处；B. 看看人们是否都到齐了；C. 看看所有的椅子是否放在合适的位置上。

评分标准：

题目	1	2	3	4	5	6	7	8	9	10	11	12	13	14	15
A	3	5	10	10	3	5	3	10	5	10	10	10	10	10	3
B	10	10	5	3	5	3	5	5	3	5	5	5	5	3	10
C	5	3	3	5	10	10	10	3	10	3	3	3	3	5	5

说明：

110～150 分，说明你具有很好的观察习惯，而且反应敏锐、思维活跃，是一个具有很强观察能力的人。你不但能正确分析自己的行为，而且能够极其准确地评价别人。

75～110 分，说明你有相当敏锐的观察能力，思想深刻而且犀利，做事目的性比较强。

45～75 分，说明你对别人隐藏在外貌、行为背后的思想和企图不是很留意，对生活中的变化也不是很敏感。经过训练之后，你的观察能力增强了，思考力水平提高了，思维方式改善了，你的人生随之改变。

0～45 分，说明你不关心周围的人和事。你甚至连分析自己的时间都没有，更不会观察事物、理解别人。因此，你是一个自我中心倾向很严重的人。这可能会成为阻碍你社会交往的极大障碍。

第二节　微表情识别方法

【案例分析】

我看到他的表现有些不正常。从上飞机的那一刻起，他显得很不安，来回走动，经常去厕所并站起来检查他放在头顶上方行李箱中的包裹。

——乘客对一名登上以色列航空公司 EIAI 航班的被怀疑是劫机犯的乘客的描述①

提问：

在日常的安保工作中，我们将根据哪些外在的行为标准对危险可疑人进行识别呢？

一、微表情识别的原则

微表情，是指人的肢体语言，也是人内心真实情感的流露与掩饰。在一般意义上，人们把这种不受思维控制的可能由情绪引

---

① ［美］克卢瓦·威廉斯史蒂夫·沃尔特里普著，刘玲莉、王永刚等译：《机组安全防范实用指南》，中国民航出版社，2007 年版，第 356 页。

发，也可能是习惯使然，持续时间短暂或面部肌肉收缩不充分的表情，命名为微表情。具体包括眼神、手部、躯干和脚步的细微变化。微表情的持续时间较短，最短仅持续 1/25 秒。安保人员通过仔细观察可疑人的微表情变化，可以迅速察觉对方的破绽，及时预防犯罪。但是，在对可疑人的危险性进行评估时，安保人员在观察中要遵循以下原则：

（一）充分感知周围环境

安保人员在感知周围环境时，要用心观察并利用所有感官，之后再做判断。举例："我正在与可疑人争吵，没想到他竟然出手打我，我完全没有预料到。""我以为顾客对我的安保工作很满意，但是没想到，他却把我投诉了。"这些例子说明，安保人员在观察对象时，仅关注对方的言语等外在行为，没有对对方的非言语行为和周围的环境信息进行全面感知。

（二）在环境中观察

在对危险可疑人的行为进行观察时，要结合具体的情境进行，包括当时的天气、温度、人员以及现场的事件等进行判断，以发现异常行为。对环境的理解越透彻，就越能理解非语言行为的含义。例如，当一起车祸发生之后，人们首先会表现得十分震惊，然后会茫然地走来走去，手会颤抖，甚至会恍惚地走向迎面而来的车辆。在这种情况下，安保人员要对人群的状况进行正确评估，从而找出肇事者。

（三）认识普遍存在的非言语行为

安保人员要对人类社会普遍存在的非言语行为有所掌握，以识别危险的可疑人。缩拢着嘴唇，表示遇到了麻烦或是什么地方出现了问题；用手捂住嘴，表示不想说或是不相信。

（四）解密特异的身体语言

特异的身体语言，是指某些人所特有的表情和动作，不具有典型性。例如，有的人习惯把手放在兜里，并不意味着他一定会有所隐藏。安保人员在观察可疑人时，主要看其行为的连续性和一致性。例如，超市抢劫犯在实施抢劫前，鼻孔会扩大（鼻翼膨胀），这表明他在深吸氧气并准备好采取行动。

二、微表情识别中的核心概念

1. 视觉阻断行为

视觉阻断行为是一种非言语行为，通常发生在我们感到自己受了威胁，或碰到自己不喜欢的事物时，当我们希望通过避免"看到"不想看到的事物而保护大脑时，或当我们想表示对别人的轻视时，我们可能会眯起眼睛、闭上眼睛或遮住眼睛，以表示和周围环境的隔离。这些都是视觉阻断行为。例如，当普通人听到恶棍说"别看我"时，会本能地低下头来，眉毛下挑，眼睛转向一边。此外，当人第一次见面时，就会察觉到视觉阻断行为。例如，一位安保人员谈道："当我第一次跟顾客打招呼时，对我关注和心怀善意的顾客会扬起他们的眉毛，相反，那些不太友好和充满防御的顾客会轻轻地斜视我"。

2. 安慰行为

当我们在潜意识里感到不愉快或情绪跌到低谷时，为了让我们平静下来，修复至正常状态，大脑会支配身体表现出各种安慰行为，而这些行为是我们能够解读的。包括：咀嚼口香糖和咬铅笔；女性会用手遮盖或触摸她们的胸骨上部分，又叫颈窝，说明她感到了苦恼、威胁、不适、不安全或者害怕。为了增加安全感，降低焦虑，人们形成了各种各样的偏好，包括嚼口香糖，吸烟、大量进食、舔嘴唇、搓下巴、抚摸脸部、把玩一些物品（钢笔、铅笔、唇膏或手表等）、拉头发或抓小臂等。在公共场所，安保人员要善于观察人们各种各种的安慰行为，同时结合其他的可疑线索，来识别危险可疑人。

人的各种安慰行为主要包括几大类：安慰钟摆，根据压力的程度，不断来回变换姿势；脸部安慰行为，包括搓擦前额、触摸及抿或舔嘴唇、用拇指拉或捻耳垂或食指、安抚脸部或触摸胡须、把玩头发，或者深呼吸；声音安慰行为，包括吹口哨、说个不停，同时用手打节拍；嘴部表现出来的安慰行为，包括过多的哈欠、深呼吸和缓解口干；搓腿动作，安保人员尤其要引起注意；通气行为，将手指放于衣领和脖子之间，然后再用手拉离自己的皮肤，女性更微妙，可能会抖动衬衫或向后撩一撩头发；自我控制的拥抱，注意与挑衅的区别。

在对危险可疑人进行识别时，安保人员要有意识地通过安慰行为有效解读他人，同时也要注意平时的基线行为，进行区分。

3. 边缘系统的三种反应方式

人脑的进化系统分为三个部分，爬虫脑、哺乳脑和皮质脑。其中，哺乳脑——边缘系统，是对人的情绪进行识别的生理基础。边缘系统的最高指导原则是保证人类这一种族能够生存下去。边缘系统的特征：（1）对周围世界的反应是条件式的、不加考虑的，是最诚实的大脑；（2）是情感中心；（3）管理其他行为。当人类碰到危险时，其边缘系统会采用三种反应方式来应对当前困境，这也为安保人员识别危险可疑人提供了技术支持。

（1）冻结

冻结，又称装死，即不动、隐藏。很多食肉动物会对移动的物体非常敏感，阻挡这种威胁的最佳办法就是保持不动，尽可能减少肢体动作，或保存能量，作出评估，伺机而逃。例如，晚上横穿马路暴露在车灯前的鹿会愣住不动。同样，当人类面临突发的危险时，也会表现出惊呆的行为，或隐藏自己，这种现象又称海龟效应。例如，在超市里的小偷会竖起衣领和低下头，以免被人发现，降低自己头部的曝光率。

（2）逃跑

当危险可疑人遇到安保人员时，不一定会采用马上逃跑的行为，但可能会通过身体的微动作来显示逃避的意图。具体包括：将身体转向另一边；闭眼、揉眼，或用手捂住脸，表示不愿意看到眼前的环境；将脚转向出口的另一边等。

（3）战斗

危险可疑人如果发现自己无路可逃或准备发动攻击时，会表现出战斗的行为。具体内容包括：侮辱、人身攻击、反驳、诽谤、激将、挖苦；利用姿势、眼神、张开胸肌来挑衅另外一个人的私人空间等。

三、微表情识别的具体内容

（一）对脚部的识别

早在几百万年前，人类的腿和脚就已经进化成能快速对周围的威胁，这种反应甚至无须理性的思考，是最快做出反应的部位。脚的功能和动作有很多，包括感觉、行走、转弯、跑步、旋转、寻找平衡、踢、爬、玩、抓甚至写字，等等。脚的功能很多，也最容易暴露嫌疑人内心的真实想法。对危险可疑人脚部行为的观察和识别，是安保人员的必要工作。

1. 快乐脚

快乐脚是一种远离身体重心的脚步动作。当人的心理状态很愉悦时，会不自觉地抬起脚或快速奔跑。有时，腿脚的动作变换是不耐烦的表现。例如，有的抢劫犯在深夜抢劫成功后，会兴奋得手舞足蹈。

2. 转向脚

当危险可疑人感到谈话不愉快时，他们的脚会转移方向。将腿拐到与身体成直角的位置。按住膝盖，之后是躯体前倾或身体转向椅子的一侧。海关检查人员，要特别留意可疑人在转向海关报关时，脚是否确指向出口。

3. 叉开的双脚

双脚叉开表示捍卫领地。社会经济地位和等级越高，对领地的占有欲就越强烈。安保人员可以通过观察团伙成员是否使用叉开脚的动作，来判断谁是罪犯头目，同时也可以观察对方发动攻击的可能性。

4. 并拢的双脚

可疑人并拢双脚时，表示顺从和服从，有时也是一种防御的姿势。

5. 交叉的双脚

当可疑人交叉双脚时，表示心理状态比较放松，是一种高度舒适感的表现。遇到喜欢的人会表现出放松的动作。如果关系很好，压在上面的一条腿应该指向另一个人的方向。但是，有的罪犯会利用伪装舒适感来转移安保人员的视线，如当他们看到安保人员后，会斜靠在墙上，然后双腿交叉，显得很镇定。

6. 握手后的双脚

握手后的双脚移动变化，是判断双方亲密感和信任感的标志：脚一再往前，表示试图建立更紧密的关系，不动表示维持现状，远离表示对方不愿意过多接触。

7. 走路的姿态

危险可疑人走路的姿态，会根据他们的活动场所和犯罪类型不断发生变化。具体表现为：闲逛、溜达、漫步、迈着沉重的步伐、跛行、拖着脚走、潜行、奔跑、踮着脚尖、大摇大摆等。

安保人员在观察危险可疑人时，尤其要注意他们脚步的变化。具体包括：脚从摇动到踢动，提示可能存在刺激源，让其无法再保持镇静；脚部冻结，不停摆动和弹动自己双脚的可疑人突然停了下来；锁脚、脚踝互锁，表示可疑人内心很防御，不愿意暴露自己的行踪；隐藏双脚，脚从椅子前方收回到椅子后面，这是一种掩饰的行为。当恐怖分子把炸药藏在鞋子里时，也会做这种隐藏双脚的行为，安保人员要引起足够的重视。

（二）对躯干的识别

英国生物学家查尔斯·达尔文注意到，当动物表示顺服之意（坦诚的一种表现形式）时，它们会向敌人仰卧、四脚朝天，露出柔软的腹部和咽喉。他提到，在这种情况下，即使是怀有极大敌意的动物，也不会趁机向投降者下手。同样，当人类在遭遇危险时，会本能地启动躯干部分的保护行为，以免自己受到危险。具体来说，可疑人的躯干部分主要包括腹部、胸部、肩部和臀部等，具体表现为摇动身体、躯干倾斜、腹部否决、腹部前置等。

1. 躯干保护

躯干保护指的是可疑人通过自己躯干部位的防御行为，以缓解自己的紧张心理。具体包括：胸前保护行为，指用背包、公文包或钱包来遮挡自己；手臂的保护，抱紧手臂来遮住胸部；整理衣袖或把玩袖口，同自己的躯干形成一个封闭回路；双臂交叉。

当可疑人觉得自己遇到危险时，身体会本能地产生冻结行为，血液会暂时离开皮肤，被输送到四肢的大块肌肉中，用于逃跑或战斗。这样一来，人的躯干部分就会失去正常肤色，人会感到寒冷，同时也没有能量进行胃部的消化。所以，处于紧张状态的危险可疑人会没有食欲，甚至几个小时不去进食。安保人员如果发现当周围人群都在需要食物和饮料时，可疑人对服务人员没有提任何需要，就要引起重视。

可疑人的外在服饰、文身、装饰物以及梳妆打扮，也会反映出他们的身份特征和心理状态。例如，有的可疑人在犯罪过程中，常常穿深色的衣服，是为了隐藏血迹或趁夜晚不被发现。

2. 躯干伸展

躯干伸展，是霸道和蔑视的表现，也是有些不良青少年常常表现出来的行为方式。具体包括：故意挺起胸膛，靠近对方；露出部分躯干，如挽起胳膊，露出手臂，或打开衣服的上衣领子等。

3. 肩部行为

可疑人在回答安保人员的问题时，如果发生局部耸肩或肩部收缩，都是一种防御行为。

（三）对手臂的识别

安保人员在观察危险可疑人时，尤其要注意其手臂的行为，以确定对方的心理状态。其中，关键是看对方的手臂是否会离开重力的吸引，当离开重力吸引时，表示可疑人目前想采取行动或心态比较放松和愉悦；当收回手臂时，表示对方比较防御、沮丧和自制。

安保人员在工作过程中，尤其要注意可疑人的双手摆放位置。一般来讲，小偷的手臂动作比一般顾客要少，而且容易隐藏手臂。受到家庭虐待的儿童，会有更多的手臂冻结行为。

没有安全感、有焦虑心态的可疑人会下意识地限制自己的手臂，看起来好像是无法抗拒重力的束缚一样。其中，双手叉腰，是一种自信和挑衅的姿势；争执的人会做出收回手臂的动作，这是一种克制；双臂抱头，是一种领地宣言；温和的人总会拉紧自己的手臂；强壮有力或愤愤不平的人会伸展手臂宣称自己的领地。

（四）手势——手部的非言语行为

手势识别，是安保人员观察可疑人的重要途径。当可疑人讲真话时，他们会尽可能利用各种手臂和面部动作强调自己所说内容的重点，会使用更多说明性的四肢语言。但如果可疑人所讲的内容和肢体语言相矛盾时，就会出现破绽。安保人员在和可疑人进行面对面接触时，尤其要注意对方的双手摆放位置和手势动作，以发现问题并采取适当的防范措施。

1. 手心出汗

手心出汗和手部潮湿，是可疑人内心紧张的外在体现。安保人员在对可疑人进行危险识别时，要注意对方手部温度，提前采取预防措施。

2. 手掌颤动

手掌颤动，是可疑人准备采取行动和担心身份被识破时的一种本能反应。例如，当安保人员提到一个同伙的身份时，可疑人的手会本能地微动一下。

3. 搓手、抚摸颈部

可疑人搓手和抚摸颈部，可能是其内心冲突的外在表现，也是自我安慰进行防御的方式，表示内心很纠结，或是担心被发现。

（五）脸部表情的识别

可疑人的面部表情各种各样、瞬息变化，安保人员要密切注意对方的表情变化，尤其是体现内心紧张的表情变化，具体包括颚肌收缩、鼻翼扩张、眯眼、嘴巴颤抖或嘴唇紧闭，等等。

1. 眼神的识别——厌恶

可疑人厌恶的外在表现包括眯眼、瞳孔收缩等。

2. 眼睛凝视下方

当可疑人的眼睛在凝视下方时,可能意味着在平复自己的紧张情绪,进行内部对话,或表示暂时的屈服和顺从。

3. 压低的眉毛——情绪低落

具有抑郁型人格障碍的可疑人,常常会有压低眉毛的表现。

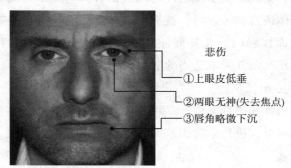

悲伤

①上眼皮低垂

②两眼无神(失去焦点)

③唇角略微下沉

图3-1 脸部表情——悲伤

4. 紧皱的双眉

可疑人双眉紧皱时,可能表示怀疑或厌烦。

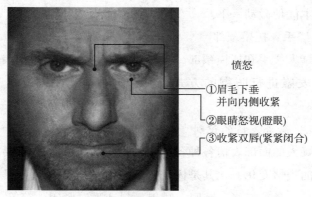

愤怒

①眉毛下垂
并向内侧收紧

②眼睛怒视(瞪眼)

③收紧双唇(紧紧闭合)

图3-2 脸部表情——愤怒

5. 紧抿的嘴唇

当可疑人抿紧嘴唇时，可能表示生气和克制，以压抑内心的焦虑情绪。

图 3 – 3　紧抿的嘴唇①

第三节　谎言识别方法

【案例分析】

下面是一位航空工作人员与可疑乘客的对话。其中，F 代表航空工作人员，M 代表可疑的乘客。该工作人员发现可疑乘客在坐上飞机后，神情很不安，三个小时内拒绝任何饮料和食物，不时俯下身去摆弄裤脚，于是，航空人员走上前，跟这位顾客进行了交谈，下面是交谈记录：

F：“您是从哪来的？”

M：“斯里兰卡。”

F：“哦，真的啊，那么在斯里兰卡的哪里呢？”（正在观察说谎的线索）

M：“哦……呃，科伦坡。”（表现出不愿回答的表情）

———————————

① ［美］杰勒德·尼伦伯格、亨利·卡莱罗、加布里埃尔·格雷森著，龙淑珍译：《微动作读心术》，新世界出版社，2013 年版，第 40 页。

F："哦，真有趣，我还一个斯里兰卡人都不认识呢，您是出生在那里吗？"

M："是的。"（在他的座位上移动，变得不安且把脸转过去）

F："那儿的天气怎么样？"

M："那儿的天气怎么样？噢，好极了！"（把脸转过去思考应该如何回答）

F："那里很热或很冷吗？或者两种情况都有？"

M：（交叉他的胳膊，在他的座位上摇晃并看着自己肩部）"很热或很冷，嗯……很暖和。"（乘客知道自己在撒谎，并开始关注工作人员是否发现）

提问：

如何识别可疑人的说谎行为？

一、什么是谎言识别

说谎以及测谎历来是人们不断探索的一个议题，同时也是一个饱受争议的领域。对于安全保卫职能部门而言，甄别谎言是一项重要的工作技能。提高谎言识别技术，有助于安保人员发现恐怖分子与间谍，有助于协助公安机关侦查、甄别、认定犯罪嫌疑人，预防可能的危险与破坏，防患于未然。

谎言的识别，主要是通过观察可疑人在说话过程中的非言语行为、说话的内容以及生理反应来对对方是否说谎进行判断的分析过程。第一个方法，观察可疑人的非言语行为，指的是观察他们所做的动作，是否出现笑容，是否发现视线阻断和转移，说话的音调和语速特点，是否出现口吃等。第二个方法，观察说话的内容，是指分析他们正在说的话语的特点。第三个方法，观察对方的生理反应，包括检查他们的血压、心率、手掌是否出汗等。

二、谎言识别的方法

谎言识别的研究有很长的历史，分别经历了神识法、刑识法、仪器识法三个发展时期。其中，人识法贯串三个阶段，并在刑识法与仪器识法之间的空白时段发挥决定性的作用，也是处于工作现场的安保工作人员最常采用的方法。人识法，主要是通过观察可疑人在强烈的外在刺激下，言语、行为以及生理的变化特征，来判断对方是否说谎的具体方法①。其中，观察法和逻辑推理方法是人识法中最常用的方式。例如，我国《尚书·吕刑》提出了五辞法，来判断当事人的陈述是否真实，并以此作为定罪量刑的主要依据。"五辞"的具体内容是"一曰辞听，观其出言，不直则烦；二曰色听，观其颜色，不直则郝；三曰气听，观其气息，不直则喘；四曰耳听，观其所聆，不直则惑；五曰目听，观其顾视，不直则眊"。所以，在上古时代，人们就已经发现，通过观察一个人的有声语言与无声语言，可以探知一个人的真实心理，推断其言语的真假。到了清代，中兴名臣曾国藩精于相人术，著有《冰鉴》一书，成为我国第一部关于察言观色的系统完整的理论著作。20 世纪 60 年代以来，国内外一些心理学家、行为分析学家把对有声语言、无声语言的观察纳入科学的研究对象，通过多种实验研究方法，具体细致地归纳了谎言的言语特征与非言语特征。具体内容如下：

（一）非言语行为分析

安保人员对可疑人说谎时的非言语行为进行分析，主要包括对其情绪进行观察。情绪观察法认为说谎能够造成不同的情绪，

---

① 羊芙葳：《人类谎言识别的历史演进》，载《湖南农业大学学报》（社会科学版），第 10 卷第 5 期，2009 年 10 月，第 104 页。

其中，最相关的情绪是行骗的内疚感和负罪感、生怕被揭露的惊恐情绪以及欺骗得逞后的得意感。例如，有些可疑人在说完一件非常忧伤的事情后，会有扮鬼脸的微表情。

情绪和非言语行为之间存在某种自动连接，但情绪和说话的内容之间却没有形成自动化。情绪越强烈，这些非言语行为的线索就越可能暴露，具体包括细小表情、被压制的表情以及由于无法阻止脸部肌肉动作而显露的表情，如脸色泛红和变白、不对称、时间长短出现偏差、表情位置出现偏差、虚假微笑、注视转移、眨眼、改变坐姿、用手遮住嘴巴、触摸鼻子、摩擦眼睛、抓挠耳朵、抓挠脖子等。在表3-1中，详细列出了航空安保人员在对可疑人进行情绪识别时，应该注意观察的部位和内容[①]。

表3-1　紧张反应及来源

观察点	注意什么
腿和脚	膝盖颤抖
	双腿快速地开、合
	总是走来走去
	脚踝相扣（女人比男人多）
	腰部和膝盖后面有汗
	经常改变重心，从一只脚移到另一只脚

① ［美］克卢瓦·威廉斯史蒂夫·沃尔特里普著，刘玲莉、王永刚等译：《机组安全防范实用指南》，中国民航出版社，2007年版，第357～359页。

（续表）

观察点	注意什么
要寻找的其他身体动作或迹象	全身绷紧
	发抖或摆动
	起鸡皮疙瘩
	经常性地拉或整理衣服及珠宝首饰
	频繁地看手表
	大量地出汗（当然不是很热的时候）
	腹泻（总是去厕所）
	摇晃身体
	弯腰
	使用物体做屏障（也许是武器）
	用拇指钩住裤子的顶部
紧张的行为	挑衅的
	匆忙、仓促
	丧气的（超出正常范围）
	过度友好的、轻浮的
	不停地吸烟
	不正常地喝酒
	过度保护行李或其他物品
需要观察的其他潜在的不正常或危险行为	在办理登机时，携带过多的行李
	正在"秘密接头"的乘客
	某人"查看飞机结合处"
	到达登机口或登机较晚
	在厕所内停留时间过久

（二）内容复杂化分析

内容复杂化分析，是指将谎言与直接表现出的事实相比较，对于当事人而言，可能是一个复杂的任务。因此，有的说谎者为了能够使谎言更加可信，会努力进行认知加工，从而造成对肢体语言的疏忽，因而出现口吃和口误、语速慢、停顿多等。例如，下面是一段关于安保人员与可疑人的对话：

安保人员："你的小孩今年几岁了？"

可疑人："啊，他多大岁数了？（暂停，寻找一个答案）他3岁了。"

安保人员："他会唱儿歌了吗？"

可疑人："他会唱儿歌吗？是的，会。"

安保人员："他最喜欢唱的是什么儿歌？"

可疑人：（不安地笑了起来，看看小孩，在他的座位上转过身，避免目光接触）"他喜欢什么类型的儿歌——啊——小燕子！"

危险可疑人在言语上，最常见的语调方面的欺骗迹象是停顿，如停顿得过长或者次数太多。破句也可能是一种欺骗迹象，如夹入无意义的语音"呃""啊""嗯"，重复某一个词，如"我，我，我"以及把某些词拖得太长。此外，在关于语音的情绪特征上，危险可疑人最引人注意的是音调。一般来讲，大约百分之七十的人在情绪不安时说话音调会升高，当不安情绪是愤怒或者恐惧时，这一结论可能最为准确。愤怒或者恐惧时，人说话比较响和快，悲伤时说话比较轻和慢；反之，音调降低、说话较轻和较慢则可能与危险可疑人的悲伤情绪或者内疚感有关。

危险可疑人在言语表达上，很少会提到自己，他们会本能地把自己从他们所说的谎言中剔除出去，甚至也很少使用他们在谎言中牵扯到的他人的姓名，如他们会把自己的合作人称为第三人称，而不是直呼其名，以撇清自己在犯罪事件中的关系。同时，为了使谎言容易被他人相信，他们在重复说的过程中，回答内容几乎保持不变。在讲述中，他们很少添加自己的感受和感情，没有任何情绪色彩的流露。因此，如果当再问他们一遍的时候，他们放松下来的神经很难再调动起来，真实的情感反应就会呈现，或者是恼羞成怒，或者是干脆坦白。如果危险可疑人说："我不是已经和你说过这件事了吗？"然后才勃然大怒，这很可能是欺骗的表现。

（三）尝试控制方法

当危险可疑人认为动作可能会暴露他们的谎言时，他们会刻意地尽量避免不必要的动作，这会导致异常程度的动作的僵硬和抑制，手脚的活动会减少，手掌、手臂和腿都会尽量靠着身体，所以说谎时整个人会显得很局促。同时，由于担心对方会不信任自己，他们会保持更多的视线接触来表现出自己的真诚。此外，在回答问题时，经过深思熟虑的可疑人也可能回答得太快和太流畅，每个细节都记得清清楚楚。

综上所述，我们可能会把说谎行为与高音、说话混乱、语速慢、长时间的较多的停顿、视线转移、笑容、眨眼、手势、自我控制以及手、手指、脚、腿和躯体的运动及坐姿的变化联系在一起，来进行观察判断。相关的研究表明，这种判断的正确率大约在80%[1]。因此，安保人员在进行危险人员的识别时，尤其要关注对方的非言语行为，当对方的非言语行为和说话内容不和谐时，要有足够的警惕。但是，这些线索只具有指导意义。不是所有的这些线索都提示着欺骗行为，也不是每个欺骗者都会表现出这些线索。安保人员必须在所有的解释都尝试过后，再做出对危

---

[1] 转引自［英］Aldert Vrij 著，郑红丽译：《说谎心理学》，北京：中国轻工业出版社，2005 年版，第 118 页。

险性的评估和判断。

【思考题】

1. 名词解释：

视觉阻断行为　　安慰行为

2. 危险可疑人在遇到危险时，会有几种反应方式？

3. 识别说谎行为有哪些方法，具体包括哪些内容？

4. 案例分析

（1）带婴儿的妇女

在候车室里，有一位带婴儿的妇女，孩子被完全包裹。在几个小时内，该妇女一直没有离开座位，未进食任何饮料或食物，也没有给婴儿喝牛奶或水。

提问：这位妇女有哪些可疑行为？

（2）行为可疑的乘客

该男性乘客看起来衣着很不整洁，有些怪异，会有吸烟行为。在答应不吸烟后，又弯腰去不断整理自己的裤脚，同时，乘客反映又闻到了划火柴冒出的烧焦味。在回答服务人员的问题时，有明显不正常。

提问：这位男性乘客会携带可疑物品吗？

第四章　财物型犯罪人的识别与处置

　　在全球领域，无论在任何国家或地区，只要进行犯罪数据的统计或分析，无疑都会发现占犯罪总数比例最高的往往是盗窃、诈骗等财物型犯罪。同时，以获取财物为目的的犯罪人在高危人员中也占了很大比例。选择财物型犯罪的高危人员并不都是因为贫穷，还包含着其他因素。在对这类人进行识别时，也遵循着特殊的规律。在本章中，我们将要完成以下几个学习目标。

【学习目标】

1. 了解财物型犯罪人的定义；
2. 掌握盗窃犯的心理特征和行为识别；
3. 掌握盗窃犯罪人的处置程序；
4. 掌握诈骗犯的心理特征和行为识别；
5. 掌握诈骗犯的处置程序。

第一节　盗窃犯的识别与处置

【引例】

2015 年 1 月 29 日晚上约 22 时 50 分，某机场监控中心工作人员在巡查航站楼时，发现一名身穿西服、拉着行李箱的中年男子，在候机楼行走时不像一般旅客那样步履匆匆，而是每走到一处都东张西望，贼眉鼠眼地四周扫射，似寻找着什么东西。安监人员敏锐感觉到其形迹十分可疑，22 时 57 分，该男子转到主楼 F 岛附近，眼光扫落到一旅客填写出境信息后留在台面上的一件黑色西服，只见他环顾四周见无人留意，随即背向西服，慢慢向后靠触摸到西服，迅速把西服一卷，拉着行李箱边走边把西服塞进了箱子。一路跟踪的监控人员看男子偷取旅客衣物，立马通知安检护卫人员前往堵截，中年男子见受护卫队员截查，马上掏出偷取的黑色西服掉头飞快走出主楼开溜，被护卫人员追上并将其移交到航站楼派出所。据了解，该男子拉着行李箱并不乘坐飞机，称只是在机场捡拾破烂。目前，机场派出所正在作进一步调查审理。

——来自民航资源网

提问：

如何对盗窃财物的犯罪分子进行识别？

一、盗窃罪的概念

盗窃罪是指以非法占有为目的，秘密窃取数额较大的公私财物，或者多次盗窃、入户盗窃、携带凶器盗窃公私财物的行为①。随着2011 年《刑法修正案（八）》的实施，盗窃罪主要包括四种行为：一是秘密窃取公私财物，窃取数额较大的行为；二是多次盗窃的行为；三是入户盗窃的行为；四是携带凶器盗窃公私财物的行为。

　　盗窃罪是最古老的、最普通的犯罪，在中外刑法史上一直占据着重要地位。我国古代就确立了"杀人者死、伤人及盗抵罪"的重要罪名体系，西方在惩罚盗窃犯罪人时重点考虑其年龄与行为的危害后果。同时，在历代的犯罪统计当中，盗窃罪也是发案率与犯罪率最高的一种财物型犯罪。我国目前的盗窃犯罪案件占到历年全国刑事案件立案总数的70% 左右，尤其在机场和其他公共场所，是盗窃案的高发区。

二、盗窃罪的一般特征

　　盗窃罪作为典型的财物型犯罪，具有以下几项特征：

　　（一）侵财动机明显

　　盗窃犯罪具有明显的侵财目的，即以非法占有他人财物为目的，属于典型的物欲型犯罪，也是自然犯罪。近年来，随着我国改革开放和经济的迅猛发展，人民的生活水平普遍提高。但与此同时，人们之间的贫富差距也在不断扩大，多元化的价值体系开始蔓延，在社会传媒和现实环境的双重影响下，传统的价值观受到强烈冲击，"金钱至上""享乐至上"等不良价值观逐渐侵蚀部

---

　　① 《刑法修正案草案（八）》第37 条："盗窃公私财物，数额较大或者多次盗窃、入户盗窃、携带凶器盗窃的，处三年以下有期徒刑、拘役或者管制，并处或者单处罚金；数额巨大或者有其他严重情节的，处三年以上十年以下有期徒刑，并处罚金；数额特别巨大或者有其他特别严重情节的，处十年以上有期徒刑或者无期徒刑，并处罚金或者没收财产。"

分人的心理。有些人开始不满足于自己的经济收入或社会地位，他们将人生定位在拥有较多社会财富或收益的群体，期待通过不正当的手段获取更大的财富或价值。在他们的眼里，金钱、名表、名车、高档手机、贵重首饰，甚至烟、酒、高档西服等一切财物，都是他们梦寐以求的追逐目标。

（二）盗窃手段隐蔽

与抢劫犯相比，盗窃犯的取财手段具有一定的和平性。他们往往采用秘密窃取的方式进行犯罪，大多数犯罪都不会引起受害人注意。在作案过程中，他们主要通过徒手或使用工具，在不借助暴力的情况下，非法取得他人财物。

（三）盗窃形式多样

盗窃犯的作案形式具有多样性。按照作案地点，盗窃罪可以分为普通盗窃、扒窃和入户盗窃。扒窃是指犯罪人直接接触或跟踪被害人，采用掏兜或割包等方式窃取他人财物的犯罪方式。入户盗窃是犯罪人采取各种手段或方法非法进入户内，秘密窃取户内财物的行为。盗窃犯罪可能因不同的地点或场合，实施手段有所差异。

三、盗窃犯的心理特征识别

虽然盗窃犯罪的目的主要是获取财物，但是，盗窃犯罪的动机并不仅仅局限于此。除了贫穷或生活需要等原因外，在入室盗窃或扒窃案件中，犯罪行为人往往把盗窃作为享乐、赖以挥霍的手段。同时，盗窃犯的行为特征也夹杂着隐蔽攻击的特点，在一定程度上，可以满足罪犯潜意识里攻击欲望的需要。在一般情况下，盗窃犯的心理特征也代表了财物型犯罪人的典型特征。因此，安保人员可以有针对性地对盗窃犯的心理特征进行观察，为下一步的识别工作打下良好基础。概括起来，盗窃犯的心理特征具有以下特点：

（一）去人性化

去人性化是指个体丧失了作为人的感觉或情感，无法体验到正常人的心理感受。在盗窃犯罪中，盗窃犯往往利用受害者的疏忽大意，秘密地实施窃取行为，这种窃取往往不与受害人形成正面接触，犯罪人无法体验到受害者作为人的权利或特征，因此往往将受害者视为无关的路人或阻碍他实施犯罪的一个障碍物而已。这种心理特征使得犯罪人更易在受害人不在场时实施不道德甚至违法的行为。受害人遭受犯罪后，心理、精神、生活上承受各种莫大的痛苦，但由于犯罪人欠缺对此结果的关注，使犯罪人的内在道德观念和外在制度约束不起作用，更容易为自己脱罪找理由，并经过心理反复强化形成固定化的行为模式。因此，在日常生活中，盗窃犯往往热衷于谈及各种新型技术产品、新的奢侈品、享乐型的生活方式，很少涉及对职业的看法、人与人之间的交往沟通、琐事与情感或对未来的打算等信息。

（二）认知错误，虚荣心强

一切行为的前提是满足需要，盗窃犯实施犯罪行为也是为了满足自身的需要，这些需要主要包括：因贫困导致的现实经济需要、享乐敛财型的主观需要以及某些变态心理引发的特殊需要。在进行社会化的过程中，犯罪人没有学习到使用合法正当的方式满足自我的需要，同时，他们也没有建立起适当的罪恶感、内疚感和羞耻感等道德或社会规则下的制约机制。而且，与守法公民相比，盗窃犯在认知上存在多种错误观念，表现在以下两个方面：

错误的财富观。社会的快速发展、经济形势的日渐复杂造就了越来越严重的贫富差距，社会财富与资源越来越集中到少数人手中，也造成了社会底层或生存压力较大的群体成员产生错觉甚至偏激认识，以为自己的财富是被他人剥夺了，形成反社会的错误意识，崇尚金钱万能论。

畸形的价值观。需要是有机体内部不平衡状态的表现，无所谓好坏之分。但是，犯罪分子在社会化的过程中，受到外在诱因和个人特质的影响，发展出畸形的需要观，过分强调"人为财死"、"人生在世、吃喝玩乐"等消极的人生观，继而把追求物质需要的满足当作人生的第一要义。并且，他们在日常的生活中，也要与他人进行盲目攀比，以获得成就感。少数盗窃犯在初次犯罪时，确实是因为生活所迫，正常的物质、生活或其他需求得不到满足，而产生犯罪动机，实施犯罪行为。但是，大多数盗窃犯往往视物质利益为至上，强调利己主义，好逸恶劳，将盗窃视为取得巨额金钱、维持奢靡生活的唯一手段，过分追求生理需要和物质需要的满足，不关心精神需要和社会性需要，久而久之形成恶性循环，失去对低级需要的调节功能。盗窃犯追求经济利益和虚荣心的心理需要，也会表现在他们的言谈举止、穿着打扮上，为安保人员对盗窃犯的外貌特征识别打下理论基础。

（三）情绪、情感的多维性

盗窃犯为了追求财富而不惜使用各种手段，对利益的强制性思考使犯罪人的情绪、情感呈现出多维性，主要表现在：（1）犯罪前情绪兴奋。初次作案的盗窃犯往往精心策划犯罪过程，仔细选择犯罪对象，耐心等待犯罪机会，犯罪目标的不断刺激，使犯罪人情绪上充满对犯罪过程成功的期待，呈现出兴奋的特征。同时，这种兴奋也限制了犯罪人对实施犯罪的风险性思考，使犯罪行为暴露出许多漏洞。例如，经常在犯罪场所出现徘徊、多次向他人打听信息等，从而为识别、抓捕和预防盗窃犯罪提供了心理学论据。但是，盗窃累犯的情绪往往比较稳定，更不易表现出兴奋等明显的心理特征。（2）犯罪中紧张与兴奋并存。由于犯罪前的计划受制于客观条件，因此在实施犯罪中，具体情况不断变化，使犯罪人时刻处于紧张的行为判断决策中，如犯罪中出现新的财物、犯罪机遇或犯罪对象等，需要犯罪人瞬时分析和选择，导致犯罪人产生紧张情绪使其动作慌乱、留下痕迹。（3）犯罪后侥幸心理得到强化。盗窃得手后，犯罪人会感受到犯罪目标达成时的喜悦，并对犯罪中形成的侥幸心理反复强化，使个体具备较稳定的犯罪人素质。同时，盗窃犯罪人往往急于将所盗财物变现，因此会比较激动，处分财物时可能露出破绽，给安保人员提供证据支持。

（四）犯罪意志顽固

盗窃犯由于受到物质利益的诱惑，自制力较差，一旦遇到合适的犯罪机会，即会形成较稳定的犯罪意志。经过丰富犯罪经验，吸取失败教训，犯罪意志经实施数次犯罪后不断得到强化，形成较顽固的犯罪意志，从而形成稳定的犯罪类型。主要表现在：（1）犯罪准备阶段有较强的针对性。犯罪时间、地点、对象与盗窃手段都是经过精心策划的，甚至提前摸清楚被害人的活动规律，以找准间隙实施作案。例如，有些盗窃犯专门在夜里 1～2 点开始作案。（2）犯罪中意志不断坚定。面临实施犯罪的困难时，犯罪人可能变动原有计划，调整作案方式，使犯罪行为能够较为顺利地进行。（3）犯罪意志得到反复强化。盗窃犯罪一旦得手，就在犯罪人头脑中形成"没钱—盗窃—得手—有钱"的正性刺激模式，使犯罪人认识到盗窃就是赚钱的最快手段，原来的犯罪意志就会得到进一步强化形成稳定的犯罪恶习。

（五）个性心理特征

1. 需要与动机

盗窃犯罪人的需要畸形化：一是需要内容往往集中在低层次

的生理与物质需要。这属于弗洛伊德所主张的"本我",其满足方式遵循"快乐原则",即通过直接、即时的方式获得满足,不考虑现实性,因此体现出比较冲动、盲目,或短视的特征。二是频繁实施犯罪会强化畸形化的需要,甚至这种需要本身会成为再次犯罪的直接诱因。盗窃犯的需要具体表现为以下几种:

(1)享乐需要

在盗窃犯罪中,有很多是未成年人。因为未成年人的心智还未发展成熟,很容易受到周围环境和交往同伴的影响,对于自身的需要层次认识不准确,导致低层次需要内容扩张与自身满足能力之间的巨大差距,这无疑会提高其犯罪的概率。有时一瓶酒、一盒烟、一部手机都有可能激起他们的物质欲望,促使他们实施盗窃。他们初次犯罪所得的钱财主要是用来上网、请客吃饭、购买电子产品等,以供消遣、攀比与享乐。

(2)成就需要

某些犯罪人出于成就或虚荣的需要,期待短期内获得巨大财富,求助于现实途径无果后,容易不择手段,通过盗窃的手段不劳而获。例如,很多盗窃犯认为,会在短时间内撬锁、撬玻璃,能够趁人不备用道具夹包,是一门手艺,也是他们在同伙面前赢得自尊的来源。

(3)物质需要

随着社会发展与进步,基本的生活开支随着经济水平的提高而大幅增加,基本的生活费用、教育支出、医疗支出可能远远超出贫困家庭承受的范围,迫不得已通过盗窃来满足。

(4)特殊需要

个体都是社会化过程中独特的个体,不同的生活背景、教育经历会滋生不同的需要体系。罪犯的特殊需要主要有:一是盗窃对象的特殊性。例如，盗窃有特定含义和价值的工艺品，体现了犯罪人对拥有特定艺术品的企图，有的单身男性往往专门盗窃女式内衣裤，以满足自己对异性的生理渴望。二是盗窃手段的特殊性。某些犯罪人通过破坏性盗窃，盗窃的同时造成巨大的财产损失，往往反映了犯罪人认知能力欠缺的特征。例如，为盗窃汽油将大型货车的底盘损坏，造成巨额的财产损失。

2. 能力与习惯

盗窃犯的能力主要体现在：一是具备了相当丰富的反侦查能力。盗窃犯利用受害人疏忽的心理，通过秘密窃取非法占有他人财物，要成功就必须得有丰富的反侦查能力。例如，精心选择犯罪对象或现场，躲开人群和监控，实施犯罪时尽可能地消除掉犯罪痕迹，不被他人轻易发现等。二是具备盗窃所需要的快速行动能力和操作能力。高层建筑的入室盗窃往往需要攀爬管道，撬门解锁，这些都需要一定的身体素质与操作技能。同时，在外表伪装、打开特定装置、利用现代科学技术手段上，盗窃犯都有一定的学习能力。因此，犯罪的主要群体集中在成年人，未成年人与老年人比例很小。

在习惯上，盗窃犯罪往往起源于小偷小摸、顺手牵羊式的行为与心理。初次盗窃时，犯罪人由于紧张或兴奋导致犯罪过程漏洞百出，甚至导致失败。但是，经过若干次反复实施之后，犯罪经验逐渐丰富，犯罪的心理逐渐稳定，犯罪的习惯模式逐渐固定，犯罪的手段和场所也逐渐固定，具有典型的规律性特征，为安保人员的识别打下基础。

四、盗窃犯的行为特征识别

（一）盗窃行为的秘密性

秘密性是盗窃犯罪的标志性特征。所谓秘密窃取，是指犯罪人采取主观上自认为不会被财物所有人、管理人或经手人发现的方法将公私财物据为己有。从行为上看，秘密窃取不仅包括犯罪人趁受害人不在场时盗窃，还包括即使受害人在场但趁其不备盗窃，犯罪人正是利用受害人的疏忽大意而屡屡成功实施犯罪。

但是，近年来，对于盗窃行为是否必须具有秘密性，国内外学术界仍然颇有争议。一种观点认为，盗窃罪的本质特征是违反财物所有人的意思，使用非暴力方法非法取走他人财物的行为，因此手段可以是秘密的，也可以是公然趁人不备夺取的。例如，《日本刑法典》第235条规定：窃取他人的财物的，是盗窃罪[①]。可见日本并未在刑事立法中明确指出取财行为的秘密性。另一种观点认为，窃取就是趁人不备，秘密取走他人财物，秘密是必备条件之一。如果是趁人不备公然夺取即构成抢夺罪[②]。苏联的刑事立法就曾经历过反复论证，最初将偷窃规定为秘密窃取，而另行规定了抢夺罪；但到后来形势发生变化，取消抢夺罪，并将抢夺行为并入偷窃罪；后经多年司法实践的适用，使抢夺罪又得以恢复，偷窃行为仍然被视为秘密的行为。

事实上，盗窃与抢夺是完全不同的两种行为。盗窃正是利用行为的秘密性才保证了取财行为的非暴力性；而公然夺取显然已经脱离了和平取财之义，包含了一定程度上的暴力，显然不属于盗窃罪的范畴。

但是，盗窃行为的秘密性又具有相对性，即在犯罪人的主观认识上是秘密的。犯罪行为人自认为行为是在他人不知晓的情况下实施的，无论客观上是否被人发现均不影响。例如，在公共场所扒窃时，其他在场第三人即使发现行为人盗窃，但只要行为人

---

① 张明楷：《日本刑法典》，法律出版社，1998年版，第76页。
② 韩忠谟：《刑法各论》，台湾版1982年版，第400页。

自认为没有被受害人发现而继续实施盗窃的，仍然符合秘密性。

为了达到秘密窃取的目的，盗窃分子会精心选择作案同伙、作案时间、作案地点、作案工具、运输工具等，以达到犯罪效果。

（二）盗窃行为的非暴力性

盗窃行为必须是使用和平手段实施的，具有非暴力性。首先，行为的非暴力性针对人身。如果行为人恶意实施了暴力，或以暴力相威胁，使他人不敢反抗、无法反抗、不知反抗的，应当属于抢劫罪；如果行为人盗窃时被发现，公然夺走受害人财物的，应当属于抢夺罪。其中，前者的暴力对象是财物及人身，而后者的暴力对象仅系于财物。盗窃行为的手段应当仅限于对人身实施秘密的、非暴力的盗窃手段，但对于财物实施何种盗窃方法在所不论。例如，使用破坏性手段砸开保险柜，结果发现只有文件和几百元钱，当场盗窃时被抓获，显然其行为符合盗窃罪的特征。

（三）盗窃行为的多样性

在传统意义上，盗窃行为通常分为普通盗窃、入室盗窃、扒窃，而依据普通盗窃的对象不同，又分为盗窃财物、盗窃有价证券、盗窃机动车等。并且随着社会发展水平的不断提高，体现财产价值的财物类型也在不断地增加，盗窃犯罪的行为方式也逐渐分化。

1. 入室盗窃

入室盗窃是犯罪人在未经他人允许的前提下，使用暴力或非暴力手段，进入他人房间秘密窃取他人财物的行为。入室盗窃在盗窃类型中占据重要地位，一直是犯罪人比较喜欢使用的方法。原因是这种方法不用直接面对受害者，不用担心被认出，且成功率高、风险性低，还不需要使用暴力或武器。入室盗窃呈现出一些独特的特点：

（1）暴力性降低

传统的入室手段含有暴力性，但随着锁具的科技发展与开锁技术的提高，入室的暴力性正在降低。针对住户的入室盗窃往往发生在白天、较炎热的月份，犯罪人刻意避开受害者的休息时间，选择其度假、上班或外出的时间段实施作案。但是，在夏季居民会打开窗户，有的盗窃犯会通过端窗钻洞，或攀爬落水管、防盗栏和空调架，或从楼房顶层翻窗等方式盗窃。一般情况下，针对商业或单位的行窃恰恰相反，更多地发生在夜晚。

（2）智力化水平提高

犯罪人很少在冲动情境下进行入室盗窃，一般都有具体的预谋过程，包括盗窃的目标区域、人群以及财物类型。业余的入室盗窃者往往会对犯罪进行详细的计划，包括行窃的具体方式或路线，盗窃的财物往往也是自己所需要的；而专业的入室盗窃者则仅会简单地预谋，划定盗窃的大概目标区域或财物类型，设定多种机遇可供选择，实施犯罪时可能随机选择更容易实施的犯罪机会。犯罪人选择入室盗窃的目标时，也会考虑一系列情境因素[1]：居住线索，如信箱中可以看到信件或报纸、停放着汽车，以及窗户或窗帘是否开着等；财富线索，观察一个房子的外观、邻居、地理位置、车的型号和看到的家具情况；布局线索，进入或逃离这个房子或建筑是否容易；安全线索，如警报系统、门窗锁的情况。但在所有线索当中，犯罪人更关注居住信息和安全信息，以确定入室盗窃行为的成功率和可期待的效益。

（3）盗窃目标范围广泛

除了传统意义上的钞票、金银首饰、古董、手机、字画、电

---

[1]　［美］Curt R. Bartol、Anne M. Bartol 著，杨波、李林译：《犯罪心理学》，中国轻工业出版社，2009 年版，第 331 页。

脑外，犯罪分子的盗窃目标，也随着人们生活方式的改变而变化，包括商家店铺里的货物、机关单位的保险箱和电子产品、化工建筑材料、汽车及其零部件等。其中，盗窃机动车是随着社会发展和物质水平的提高而出现的新型的盗窃犯罪。从数量上看，随着人均机动车保有量的不断增加，盗抢汽车案件逐步成为盗窃案的重要组成部分。从对象特征上看，由于机动车兼具可移动、可改装、价值大、易销赃、管理滞后等特点，成为犯罪人重点选择的财物犯罪类型。从行为方式上看，犯罪人一般具有相当娴熟的反防盗技术，而机动车的防盗性能往往相对滞后，尤其是电子锁等；智能化、专业化、集团化作案特征明显，机动车盗窃团伙往往有专门的技术、销赃渠道。盗窃机动车所衍生出来的边界问题也越来越多：将盗窃的机动车作为犯罪工具，实施抢劫、诈骗或其他犯罪的；机动车销赃渠道的成熟化带来的监管问题等，都成为防控该犯罪类型所亟待解决的问题。

（4）销赃渠道的差异性

入室盗窃的目标往往是价值较大的财物，然而遇到困境时，为了免受失败的挫折，犯罪人也可能顺手牵羊，偷一些价值微小的财物。在销赃时，盗窃犯也存在很大差异。业余的犯罪人往往缺乏销赃渠道，更容易在销赃时被认出；而专业犯罪人经常与销赃组织合作，无疑会增加查获犯罪的困难程度。

2. 扒窃

扒窃是指使用非暴力的手段，在公共场所秘密窃取他人随身携带财物的行为。自 2009 年起，我国开始在犯罪统计数据中单列扒窃犯罪类型，其比例占到盗窃案件的 4.26%。扒窃历来是盗窃犯罪中的一种重要行为类型，由于扒窃行为的多发性、动态性和相对公开性，一直是盗窃犯罪预防的难点。相对于普通盗窃而言，扒窃具有以下特征：

（1）目标具体明确

扒窃的具体目标是受害人随身携带的财物。案件集中在人流量多、携带财物比率高的区域，如银行、菜市场、商场、车站或机场等。

（2）手段更加具有针对性

在扒窃过程中，犯罪分子会时刻保持与财物的距离，他们利用直接接触、跟踪被害人，时刻与财物及财物持有人保持一定距离等方式，等待财物与财物所有人暂时分离，或直接通过掏兜或割包等方式进行秘密窃取。

（3）扒窃动机行为习惯化

扒窃是一种经过不断强化和反复的工具性犯罪行为，扒窃的动机往往已经脱离现实的物质贫困等需要，而转化为享乐和不劳而获的心理需要。扒窃的犯罪人在行为上体现出一些特征：环视或斜视他人，扫描目标或寻找退路，食指和中指较长且灵活。一旦扒窃成功，往往会强化这种动机和行为的习惯性。

扒窃行为习惯化的心理过程缘于条件反射学说。他人包中的财物作为客观刺激物进入扒窃犯的视觉器官，传入神经元将神经冲动传向脑中枢，产生占有的需要，再由神经元传达行为命令到效应器官，并指令实施扒窃行为[1]。按照条件反射说，由于事物的重复作用，大脑皮层不断重复某种活动和信息，使刺激物与行为反应之间的联结更加稳固化，形成动力定型，再遇到类似情境会启动自发反应。这就是扒窃行为的习惯性机制。

---

① 张胜前：《扒窃的习惯性——犯罪研究》，1992年版，第13页。

五、对财物型犯罪者的辨识

（一）时空场所

在对盗窃分析进行识别的时候，要结合具体的情境特点进行识别，具体包括犯罪行为发生的时间段、地理环境以及当时的人群互动情况。安保人员要结合盗窃犯在一天的各个时间段的变化规律，来确定识别犯罪分子的方法。

1. 盗窃时间段

盗窃时间段主要分为"昼窃"、"晚窃"和"夜窃"。其中，"昼窃"的作案时间分为三个阶段：在人们吃饭的时间段作案、上午 8～10 点、下午 1～4 点。安保人员如果在这些时间段，发现有人在公路、闹市区的主要街道旁或物业小区的普通住宅徘徊，并且随身携带可疑物品，就应该引起注意。

"晚窃"，作案时间选在 17～21 点。秋冬季节尤为突出，主要在闹市区或城镇的街道旁边的居民小区，尤其以有阳台、天井围墙等具备攀爬条件的老式多层楼房为主。

"夜窃"，作案时间选在 1～3 点，多发生在夏季。如果安保人员发现有人在这一时间段携带刀片、袖珍手电筒、自制插片等攀爬落水管、窗栅栏、空调外机，或从室内窗户爬出携带笔记本电脑、金银饰品的，就要进行控制。

2. 盗窃地点

一些要害单位是安保人员进行观察的重点区域，主要包括单位内部掌管钱款、票证的财物部位，工厂重要材料和成品、半成品库，商业部门的物资仓库与银行储蓄所存放钱款、金银、有价证券的位置，陈列珍贵文物的展厅、展示、文物库房等。此外，还有车站、码头、机场、街道、广场、餐馆、医院等人群拥挤的地方。除了重点部位外，安保人员也要注意对外围的观察，以准确识别。在学校、商场、银行和物业，安保人员观察的重点不仅仅局限于建筑物的大门，还要注意观察建筑物的旁门、小门、窗户、阳台，以及延伸通道出入口的地方甚至马路对面的街道。因此，安保人员在识别盗窃犯时，要根据当时的情境，寻找可疑人与情境的不协调之处，进行甄别。例如，如果安保人员发现在银行的对面有一辆不熄火的汽车，就要引起警觉，以防盗窃分子作案后驾车逃逸。

3. 周围人群

在不同场所的人群会有不同的特征，其中，与可疑人识别相关的主要体现在彼此的熟识度、群体聚会的目的、群体的拥挤程度、群体的整体情绪气氛、群体的开放性、群体的流动性等。在特定的情境中，如在演唱会现场，人群之间的互动会比较频繁，群体气氛高涨，人们之间也会疏于防范；在机场，人群的特点是流动性很大，每个人待在一处的时间都比较短暂，人与人之间刻意保持一定距离。盗窃犯也会利用人群的特性来行窃。

（二）盗窃者的外貌特征识别

体貌特征是人体形态的标志，会受到地域差别、生活差别、工作劳动差别以及其他差别的影响，从而在人体形态上打上烙印，形成特征。这些特征包括性别、年龄、身材、五官特征、眉毛、发型、胡须、衣着、携带物等。

1. 性别

入室盗窃犯罪人主要为男性，因为入室盗窃需要一定的体能、技术和能力，如攀爬、力量、撬门锁及窗户、遇危险时搏斗等。但如果是未成年人或女性实施时，更倾向于寻求合作伙伴。

2. 年龄

在盗窃者中，以年轻人居多，但也不乏未成年人、老年人，主要利用人们对老弱病残孕疏于防范的心理，转移人们的视线。

　　3. 体型

　　德国精神医学学者克雷奇默专门研究了体型与犯罪的关系。他认为，财物型的犯罪分子大多属于瘦长型，主要表现为身材瘦长、手足长而细、性格内向、喜批评、敏感。在累犯之中，瘦长型占大多数。此外，哈佛大学学者谢尔顿也对体型与犯罪的关联进行了研究，具体内容见表 4 - 1①。谢尔顿认为，斗士型少年的生理与心理异常的特征很容易使他们陷入犯罪。因为斗士型的少年喜欢冒险、偏差行为以及寻求外界刺激，同时，他们对别人不关心和对别人感受的不敏感，很容易使他们被人群孤立，成为社会的掠夺者。

表 4 - 1　谢尔顿的"体型说"

体型	性情
1. 矮胖型 消化系统良好，呈现肥胖现象，身体圆形、皮肤柔软	全身放松、随遇而安；喜好柔弱的事物；和蔼可亲、宽容、外向者
2. 斗士型 身体的肌肉、骨头及运用器官发达，胸部饱满，躯干、手臂、手腕粗壮	活跃、走路、谈话、姿态独断，行为具有攻击性
3. 瘦弱型 瘦弱的身体，骨骼小，下垂的双肩，脸小、鼻尖、细发、肌肉少，不中看	内向、身体不适、敏感、皮肤不良、容易疲劳、对噪声敏感，从群众中退缩

---

　　① 杨士隆：《犯罪心理学》，教育科学出版社，2002 年版，第 30～31 页。

4. 衣着打扮

扒窃犯因为要混迹在人群中，在穿着打扮上会进行伪装，以免引起他人的怀疑，但是，仍会留下贪恋物质生活的烙印。主要表现在：多数年轻扒窃者在穿衣打扮上往往追求时髦、显派头，与众不同，留长发或光头；本地的扒窃者会穿金戴银；外地人一般会一身名牌货，衣冠不整，衣服较为宽松，袖口肥大；一般身着蓝色、黑色、灰色等暗色衣服和便于行动的鞋。

5. 携带可疑物品

不同的财物型犯罪携带的可疑物品也会有所不同。在一般情况下，作案前，盗窃犯和扒窃犯几乎不携带任何行李，他们在作案时，会以杂志、报纸、衣物、手提袋、雨伞、塑料袋作掩护。

通过检查犯罪分子的包裹，会发现以下可疑现象：他们的工具包、旅行包中藏有刀具、旋凿、钳子、电钻、撬棍、铁丝、螺丝刀、插片等作案工具；携带的行李物品与身份不符，行李内装有大量的金银首饰、手表等贵重物品，或男性携带女性的拎包、背包；携带数量较多的、包装无规则的物品；身材矮小的人却携带很重的包；年轻人穿着高档、携带高级旅行箱，但里面却是几件破烂衣服；单独长途旅行，不带或少带任何行李或物品。

6. 盗窃机动车的可疑迹象

安保人员在巡逻过程中，要注意被盗车辆的可疑特点：第一，盗车者开车时，未开车灯；第二，青少年驾驶着昂贵的车；第三，在炎热的夏季，驾驶员戴手套开车；第四，驾驶员糟糕的驾驶技术和不计后果的驾驶方法；第五，新车上有破碎的玻璃，等等。

（三）微表情识别

1. 眼神识别

"眼睛是心灵的窗户。"人们可以通过控制表情、言谈举止来掩饰真实动机，但是眼神无法掩饰。美国学者洛雷塔等人在《非语言交流》中就说："除了眼睛，面部所有部位的肌肉都可以有意识地控制。"狡猾的惯犯控制力较强，不动声色，故作镇静，若无其事，编造谎言天衣无缝，但他们的眼神往往会出卖他们。盗窃犯的眼神具有如下特征：

第一，眼睛不停地左右上下频繁转动，四处乱瞟，好像在寻找什么，这时，他们既要寻找作案目标，又要逃避打击，所以眼睛的转动频率会比较快，眼神发贼。

第二，在行窃过程中，犯罪嫌疑人的眼神会发直发呆。

第三，在作案得逞后，常常会侧目而视，走路时用眼睛的余光看人，然后伺机逃走。

第四，在与安保人员眼睛相对时，眼神瞬间表现出慌张，会躲避安保人员视线，低头看地面、仰头看天棚或用指尖儿触摸眼角的，等等。

此外，安保人员在工作中发现：一般正常人在进入公共场合时的心理关注点都集中在本身工作或活动上，对于安保人员都没有多少关注和顾虑；在距离安检门口较远时，他们的目光一般都停留在同伴身上，偶尔会看一看周围人；当他们来到门口查验证件时，又往往不在意或者用探询的目光直接迎视安检人员①。但是，当犯罪嫌疑人进入公共场合时，由于心理关注点在不被识别上，因此，在远处时，他们就常常四顾环望，当接近安检人员时，也不敢正视安检人员的眼睛，而是左顾右盼或低头躲避。

2. 脚步行为的识别

在公共场合，大部分人都有自己要去的地方或要完成的目

---

① 孙爱国：《浅谈驻外单位有效识别可疑人员方法》，载《中国安全生产科学技术》，2010 年增刊，第 19 页。

标，因此，他们的行走是有目的的。相比之下，盗窃犯罪嫌疑人的目的是潜伏并等待下一个目标，他们的姿势和步伐会明显不同。根据他们作案前、作案中、作案后的不同阶段，可以把这些步伐姿势分为闲逛、溜达、漫步、迈着沉重的步伐、跛行、拖着脚走、潜行、奔跑、踮着脚尖、大摇大摆等。具体来讲，犯罪可疑人的脚步行为有如下特征：

第一，在作案前，犯罪分子在寻找目标时，会走来走去或在人群中挤来挤去，表现为闲逛、溜达，一旦发现目标，就会改变节奏，变成潜行的步伐，有意贴近、碰撞被害人。例如，在公共汽车上，他们的步伐晃动与车行方向明显不一致，不是随着惯性作用前后左右晃动，而是可能逆方向贴在乘客身上。

第二，在作案过程中，为了不被受害人发现，犯罪嫌疑人常常全神贯注，屏住呼吸，脚步动作表现为踮起脚尖、脚跟上提。

第三，在作案结束后，为了逃离现场，犯罪人会进行伪装，有的走路更加大摇大摆，有的则是迅速离开。

此外，安保人员也要留意可疑人和自己交谈时的脚步动作，主要是脚的指向。可疑人虽然表面上比较配合，也强调自己没有携带危险品，但是，如果他的双脚却指向出口或另外一侧时，就要引起安保人员的警觉。

3. 手部行为的识别

盗窃犯为了掩人耳目，一般会遮掩自己的手臂，把手插在兜里或贴紧身体，手部呈冻结状态，他们的手部动作会比正常人明显偏少。在被盘查时，新手的手臂会发抖，血管明显突出。

4. 面部表情的识别

盗窃犯的面部表情主要表现为神色慌张、狐疑、木然、恐惧、脸红或脸色苍白，有的会用手去抚摸面部，男性嫌疑人的喉结会上下移动，努力克制自己的不安或紧张情绪。

六、一般盗窃的临场处置措施

1. 及时报警

安保人员如果发现盗窃案件，要保持镇静，在自己的能力范围内制止和控制犯罪，并同时报警寻求支援。

2. 记下嫌疑人特征

若犯罪嫌疑人逃跑，一时又追捕不上时，要看清犯罪嫌疑人的人数，衣着、相貌、身体特征、所用的交通工具等，并及时报告。

3. 保护盗窃现场

要在外围设岗，保护盗窃现场，不得让外人进入现场。任何人不得擅自移动任何东西，包括不准从犯罪嫌疑人的进出通道通行，盗取财物的箱柜、抽屉及散落在地面的衣物、文件、纸张和作案工具，犯罪嫌疑人留下的一切手痕、脚印、烟头、水杯等。

4. 记录犯罪线索

记录业主或现场有关人员提供的所有情况。记录被盗物品及其价值，询问受害人有无线索或怀疑对象等。

5. 及时抓获

如果发现犯罪嫌疑人正在作案，要及时抓获。同时，要注意三个方面：第一，安保人员在接近犯罪现场时，要时刻保持警觉，不要直接站在任何门前喊话和开门；当犯罪现场比较黑暗时，安保人员的手电筒要远离自己，同时也要隐藏在黑暗处，以防攻击。第二，当询问在场人员时，安保人员要有礼貌，将每个人的情况现场录音或录像，以获取有价值的信息。在询问时，可以说"您好，先生，今天您看到过陌生人在这里闲逛吗？"或是

"您来这主要是做什么?"。第三,充分利用言语控制和徒手控制等方法,抓获犯罪嫌疑人。

【相关知识链接】

《中华人民共和国刑法修正案(八)》

2011 年 2 月 25 日通过,现予公布,自 2011 年 5 月 1 日起施行

三十九、将刑法第二百六十四条修改为:"盗窃公私财物,数额较大的,或者多次盗窃、入户盗窃、携带凶器盗窃、扒窃的,处三年以下有期徒刑、拘役或者管制,并处或者单处罚金;数额巨大或者有其他严重情节的,处三年以上十年以下有期徒刑,并处罚金;数额特别巨大或者有其他特别严重情节的,处十年以上有期徒刑或者无期徒刑,并处罚金或者没收财产。"

由此可见,新的"盗窃罪"的构成要件为:盗窃公私财物、数额较大的行为;或者多次盗窃、入户盗窃、携带凶器盗窃、扒窃的行为。将入户盗窃、扒窃行为、携带凶器盗窃的行为独立入罪,体现了盗窃行为的多样化和犯罪防控范围的扩展。

第二节　诈骗犯的识别与处置

【引例】

何某,1988 年出生,初中文化,海南人。检方指控,何某伙同 28 岁海南籍男子王某、23 岁海南籍男子何某、24 岁海南籍男子李某、24 岁海南籍男子翁某于 2014 年 3 月 7 日 16 时许,冒充客服人员,编造 22 岁王某丈夫的手机号被抽中为湖南电视台《我是歌手》节目的场外幸运观众能够获得奖励的谎言,以领取

奖励需要支付保证金、税金等为由，骗取王某向其指定的账户汇款 2.24 万元。

2014 年 3 月 28 日 19 时许，何某伙同他人冒充黑龙江省大庆机场客服工作人员，以提前预约安检需要缴纳手续费、开通绿色通道跨行转账为由，骗取一受害人通过 ATM 机向其指定账户汇款 1.3 万元。

2014 年 6 月 2 日 22 时许，何某伙同他人于假冒吉祥航空客服人员，以飞机票改签需要缴纳费用为由，骗取一受害人 4000 元。

2015 年 5 月 18 日 9 时 30 分，体型微胖、留着胡子的何某被带进法庭。他的女朋友到庭旁听。

摘自《法制晚报》

提问：

如何识别和防范诈骗分子？

一、什么是诈骗犯罪

我国《刑法》第 266 条规定，诈骗罪是指以非法占有为目的，用虚构事实或者隐瞒真相的方法，骗取数额较大的公私财物的行为。诈骗罪同盗窃罪一样，是通过非暴力方式、和平地取得财物，但取财方式并不是秘密的，甚至是公开的，是建立在受害人自愿的基础上的。因此，诈骗罪建立的基础，是诈骗人与受骗人之间的心理互动和一定的信任度。

二、诈骗犯罪的主要特征

作为典型的财物型犯罪，诈骗罪具有以下几个特征：

（一）明显的侵财目的

无论犯罪人使用何种诈骗手段，其目的无外乎是直接或间接取得他人的钱财或与钱财相关的其他利益。作为一种物欲型犯罪，诈骗行为对财物的指向性贯串行为全程，但财物利益的实现可能分布在诈骗行为过程的各个阶段。因此，在整个诈骗过程中，犯罪分子主要围绕优惠、特权、内部消息等方式吸引受害人。

（二）欺诈行为的公开性

首先，欺诈行为不同于盗窃行为的秘密性，欺诈行为的实施不仅向受害人公开，甚至向其他在场人员公开，但这种公开是隐藏真相前提下的公开，犯罪行为人恰恰利用受害人对亲眼所见的错觉，实现了诈骗的目的。其次，欺诈行为建立在犯罪行为人与受骗人之间的心理互动上，正是由于欺诈行为造成的错误认识，才使受骗人愿意交付财物。欺诈行为的公开性，也为安保人员识别和防范这类犯罪人打下了基础。

（三）欺诈行为的技巧性

随着犯罪统计的细化，街面诈骗也逐步发展为一种独立的犯罪类型。无论是街面诈骗，还是职业诈骗、电信诈骗等，犯罪人都需要具备高超的心理素质、灵活的语言与头脑、细微敏捷的行为，这无不体现犯罪行为人的技巧性。例如，障眼法、示弱法、约会骗局、门票诈骗法、费用欺诈等。

三、诈骗犯的心理特征识别

诈骗犯罪与盗窃犯罪相比，历时较长，犯罪行为的发生需要经历一个过程，以建立欺骗者与受骗者之间的心理互动。因此，诈骗犯具备一些独特的心理特征，容易取得受害人的信任，使诈骗行为更容易实施。另外，在需要的满足程度上，诈骗的动机不仅包括骗取财物、满足物质需要等基本的生存和安全需要，还包括典型的成就需要和获得心理补偿的自尊需要。

（一）诈骗者的需要与动机

诈骗犯的欺诈行为通常基于以下需要：

1. 物质需要

欺诈是以获取非法利益为目的而进行的欺骗性行为，往往通过与事实不符的陈述或蓄意地欺骗，使受害人在信以为真的前提下自愿地交付财物。欺诈行为多数发生在犯罪分子生存困境、生活困难或消费需求得不到正常满足时，有时甚至会因为挥霍需要实施诈骗。

2. 成就需要

相对于盗窃犯罪和暴力犯罪而言，诈骗犯需要更多的人际互动和专业技巧。因此，他们所获得的成就感就更强烈。表现在：首先，欺诈方案的设计、欺诈行为的环节与技巧及实施过程都需要花费大量的时间与精力，要耗费较多的心理资源，还要与受害人进行巧妙的周旋。同时，可以在短时间内获取数量可观的金钱财富，并充分满足个体与社会的需要，维持较高的自尊水平。其次，欺诈犯罪的实施使犯罪行为人在人际互动过程中，通过冒充和模仿"高富帅"、冒充国家机关工作人员、冒充行业专家和获得内部消息人士，可以获得更强的心理优势，而受害人往往因为突然遭受打击而体验到挫折感，这种对比下的心理优势和虚幻的胜利感，也会成为犯罪行为人不断实施犯罪的动力。例如，通过假冒国家干部谈恋爱，骗取女方的钱财，在受害人上当受骗后，仍然继续保持作案动机，维持虚假的生活背景与身份相关的行为和消费并以此为荣。

3. 其他特殊需要

欺诈行为除了满足物质需要和成就需要之外，还包括一部分特殊需要，如心理补偿。受害人一旦被骗，会体验到精神层面和物质层面的双重打击，这种被剥夺的感受往往会转化为欺诈他人的动力。"以其人之道，还治其人之身"，既然被骗，那么可以通过骗人弥补回自己的损失，这是很多初次实施欺诈犯罪的行为人的动机。

（二）诈骗犯的人格特点

诈骗犯罪是一种高智商的犯罪，不管是挑选受害人、选择诈骗方法还是实施具体诈骗的过程，都必须保证不被受害人识别出漏洞。因此，诈骗犯往往具有一些特别的人格特点。

1. 性格方面

性格是人格的具体表现。诈骗犯的认知方面往往比较灵活、自信，有明显的心理优势。因为欺诈是一种掌控他人心理与行为的过程，认知反应的灵活性决定欺诈行为的成功率。在情感方面，诈骗犯比较成熟、沉稳，较少反映出明显的情绪变化，能够控制自己的情绪状态。能力与个性方面，诈骗犯比较喜好冒险性，有较强的活泼性与适应性。这也是为了适应整个诈骗过程中心理较量的需要。同时，由于诈骗犯罪的多次实施，促使个体已经形成较稳固的心理模式，诈骗犯罪也较容易形成惯犯。

2. 气质方面

由于诈骗需要冷静的认知、稳定的情绪与敏捷的反应，诈骗者的气质更接近于黏液质与多血质的混合类型。其中，多血质类型的人活泼好动，善于交际，思维敏捷特点有助于犯罪人适应诈骗过程中的不同情形，处置不同疑难困境；而黏液质类型的人对情绪掌控比较稳定，且有耐心和强烈的自信心，诈骗较易成功。

3. 智力、能力方面突出

大多数诈骗犯往往在某一方面体现出较高的智商。例如，利用某一领域、行业的规则对无知的受害者实施诈骗。能力方面也较为突出，如说谎的能力、解决困境的能力、利用现代科学技术的能力、转移注意力的能力、观察和识别受害人的能力等。

随着经济的急速发展，诈骗行为的实施越来越扩展到不同区域、不同领域，从沿海转向农村、内地和跨境，这样无疑提高了防控诈骗犯罪的难度。诈骗犯罪的智能化水平也在不断提升：一是随着网络技术的发展，多数诈骗犯罪开始通过网络实施，如通过虚假交易骗取钱款转账；二是随着高科技的普遍开发，监控技术也被运用到诈骗钱财上，如利用针孔摄像机来辅助诈骗；三是团伙犯罪越来越多，由于诈骗需要耗费大量的心理资源，而多样化角色的分配更易于诱使受害人上当，目前诈骗团伙化现象比较突出。最典型的是电信诈骗案，往往聚集了数十人甚至上百人，共同协作实施诈骗。

（三）诈骗的心理过程

欺诈是欺骗者与受骗者之间的心理互动，因此心理环境是行骗成功与否的关键环节。犯罪人要成功实施欺诈行为，需要经过一系列过程。这些过程包括：利用各种欺诈工具、行为、语言，营造安全的心理环境，使受害人放松警惕，并落入欺骗者的圈套。诈骗是一种有目的的心理过程，也是一个信息传递的过程。在这一过程中，信息的传递经历诈骗者、信息媒介、受骗者三个阶段，而在三个阶段中都有可能产生歪曲与错觉。

1. 歪曲信息

诈骗者会采用一些方法来歪曲信息，主要包括：

第一，隐瞒真相。隐瞒是一种最简单的欺诈方法，诈骗者往往利用受骗者原本的错误认识，故意隐瞒真相，使受骗者没有机会纠正原有的错误认识而产生误解，从而自愿做出错误的行为。隐瞒的具体手段包括向信息接收者隐瞒全部事实、有选择地隐瞒部分事实、夸大或强调有利于自己的事实。

第二，选配信息。诈骗者会根据受骗人的职业、人格、行为特点上存在的差异，有意识地选择和传递部分信息，达到让受骗者歪曲事实的目的。例如，针对轻信型人群，诈骗者往往选择传递与之相匹配的信息，迎合受众的心理，获得信任。

第三，曲解事实。犯罪人可以从宏观或微观两个方面，通过曲解事实的方式来改变受害人的认知。从宏观上，犯罪人建立与诈骗完全一致的假设，对受害人实现框定效应的影响。框定效应是决策与判断理论中的概念，指的是当人们用不同方式描述相同的决策情景时，人们会做出截然不同的选择。框定效应初显的一个重要条件在于个体在模糊的情境下做决策。因此，犯罪分子会通过模糊的信息和对事实的整体性否定，激发受害人的恐惧心理，来影响受害人对事实的理解。从微观上，犯罪人可以通过加量或减量，或者改变事实的比例来达到歪曲事实的目的。例如，通过虚报成绩或收获来尝试获得奖励或信任，通过瞒报或缩小损失来逃避惩罚，改变事实真相中虚假成分的比例，可以直接影响受害人的判断与决策。

第四，反向颠倒。在信息传递中，用否定信息代替肯定信息，使信息接收者产生与否定信息相一致的错误判断，以实现诈骗目的。例如，诈骗犯会谎称自己说话不一定全部可信，只是听过而已，来混淆受害人的主观判断。

2. 获取受害人信任

诈骗者也会充分利用受害人的愿望、情绪、情感特点以及性格特点来实施诈骗，取得他们的信任。具体包括：

第一，利用受害人的愿望。诈骗者会利用受害人对愿望的向往与追求，控制传递有利于实现愿望的信息，使受害人上当，如赚钱，找工作，找女朋友，求医问药甚至做公益等。

第二，利用受害人的情绪。情绪会影响个体做出理性决策。在情绪失控状态下，人们往往会认知范围狭窄，很难做出正确判断。例如，激起对方的恐惧心理是控制受害人情绪的有效方法，在这一过程中，受害人往往会局限在引发恐惧的场景之中，不能完全理性地做出反应，很容易陷入诈骗的陷阱。例如，有的犯罪分子冒充被害人的亲人或朋友进行诈骗，通过编造各种理由需要用钱或者谎称被害人家人被绑架需要赎金为名，直接引发受害人的恐慌心理，骗取大量的财物，这种诈骗手段之所以盛行，也与受害人爱面子、乐于助人的特点有关。

第三，利用受害人的性格特征。诈骗分子会根据不同人性格的具体表现，选择对应性的诈骗方法。例如，贪婪的人往往追逐高利润、高收益，施诈点体现在高收益、低风险上；无知的人往往不明是非，对欺诈信息的辨别能力较弱，施诈点体现在判断的复杂性与动态性上；怯懦的人往往害怕损失或否定评价，施诈点体现在用肯定评价削减警惕力上。如果受害人有其他特殊嗜好，诈骗者往往能透过有限的信息传递共同语言，引起受害人的兴趣。

第四，利用受害人的思维定式误区。这些思维定式误区包括第一印象、错误的逻辑关系以及错误的联想等，如固定的服饰、行为代表着特定的身份，家庭富裕的人会很幸福等。

第五，利用被害人的错误联想。诈骗者可能通过虚构建立起一系列欺骗的情境，因受害人对其中部分因素的错误联想使骗局得以进行。例如，某公务人员声称自己有关系可以帮助子女上学，并有意泄露使用的某部分信笺纸，受害人遂深信不疑，上当受骗。

第六，利用受害人的自信、疏忽和依赖心理，实施诈骗。受骗者的一个典型特征是对自己识别诈骗的能力很自信，迷信权威和专业知识。犯罪人则会利用这一弱点，降低自己的身份或尊严，佯装专家或弱者，激起受骗者的心理优势或认同，从而实施诈骗。一些受骗者在处理程序烦琐、关系复杂的事务中会因疏忽而陷入欺骗的圈套。例如，合同诈骗犯罪中，犯罪人会利用对方当事人对合同业务或条款的注意欠缺，设置虚假的合同标的、付款或货物验收方式，使受害人陷入交易程序的错误认识，提前支付货款或提供货物。

3. 分散受害人的注意力，骗取财物

在获得受害人的初步信任后，诈骗者通常会提供几种选择方案给受骗者，并通过有意识的操控与影响诱导他人选择有利于自己的选项。而具体的施诈点则与欺诈的情境密切相关，往往是在受害人意识不确定或放松警惕的状态下实施，具体内容包括：

第一，转移注意力。理性的判断需要集合尽量多的心理资源，综合分析各种信息，而诈骗者不会给受骗者留下充分的时间思考，利用声东击西、激将法、引诱法、有限利益等促使受骗者匆忙决策，会影响其判断的准确性。街头诈骗的很多类型都属于这种，双方交易时进行钱款交接，经过验证后又通过各种方法用假币调换真币，受骗人往往没注意到而忽略了再次验证的环节。

第二，分散注意力。由于人具有一定的生理机能，当生理机能陷入疲劳或懈怠时，可能影响注意力的分配。清醒的人往往注意更多细节信息，而状态不佳的人往往对细节信息没有耐心，观察更为粗略，导致决策的不准确性。商业谈判的骗局中，商家往往利用特定的时间段、信息量、外围环境的刺激来影响谈判的效果。

第三，模糊性思维方式①。实施欺诈时，受害人的意识或选择往往处于不确定和将信将疑的状态，而诈骗者则采取涵盖任何可能的模糊性思维方式，解释受害人面临的各种情境，引导其朝被骗的目标靠近。模糊性思维方式也是诈骗者处理诈骗过程中行为差错的有效方法，例如，电话诈骗案中，诈骗者在通话中扮演警察局的角色，称受害人涉嫌洗钱而需要设置安全账户转移钱款，如果受害人质疑，诈骗者就会马上进行模糊性解释，说是涉嫌保密等，尽量不让受害人发现漏洞。

四、诈骗犯的行为特征识别

虽然诈骗分子的手段复杂多样、千差万别，但是，都具有迷惑性强、易于隐蔽和得手等特点。在一般意义上，诈骗犯罪形式包括街头诈骗、集资诈骗、贷款诈骗、金融票证诈骗、信用证诈骗、信用卡诈骗、有价证券诈骗、保险诈骗和合同诈骗等。在我国，伴随着经济的发展、科技的进步电信诈骗犯罪的打击难度逐渐递增，已成为社会一大公害，具体形式包括：电话欠费诈骗、刷卡消费诈骗、退税退款诈骗、虚假中奖诈骗、虚构救济诈骗、冒充领导诈骗、高薪招聘诈骗等。电信诈骗的主要特点表现为犯罪手段的多样化、隐蔽性、查控困难、犯罪团伙化、集团化、涉案范围越来越广泛等。

同时，街头诈骗也出现新的特点。近年来，犯罪分子往往抓住群众贪利惧损、避害消灾等心理弱点，不断翻新花样实施街头诈骗。街头诈骗的特点主要表现在：第一，犯罪主体的构成均为团伙。他们大多三五结伙，彼此认同却又假装不认识，同时为达

---

① 宋钊编著：《欺诈术与欺诈心理解密》，中国时代经济出版社，2011年版，第27页。

到诈骗目的，团伙成员中大多为女性，以骗取受害人的信任。第二，诈骗作案的方式复杂多变。团伙多采用双簧角色扮演，设局诈骗。例如，一人以问路或收购物品等方式，主动接近受害人，借机兜售假金元宝、玛瑙、古董、外币等物，有时持伪造的"遗书""证明"来骗取受害人的信任，一人上来充当"识货者"，另外的人则三五结伙，假装互不相识，互相吹捧，互为依托。

近年来，随着多元化的媒介和沟通方式的广泛使用，诈骗案件的生存空间更具有匿名性、隐蔽性和虚拟性，犯罪实施和得逞更为便捷，从一定程度上提升了诈骗犯罪案件的成功率。例如，电信诈骗案往往利用境外注册的网络电话实施诈骗，并且充当多种角色欺骗受害人，缺乏相关常识或注意力的受害人很容易上当，并遭受重大的财产损失。同时，诈骗案件中利用封建迷信、破财消灾的群众心理实施街头诈骗的比例居高不下，近几年所占比例一直保持在诈骗案件的一半以上，但随着打击力度的加大，总体上街头诈骗的比重呈现下降趋势。

五、对诈骗犯的识别

（一）对诈骗犯的言语特征的识别

诈骗犯的言语表达非常清晰流畅，特别善于编造故事，往往内容生动、可信，带有明显的夸大色彩，而且会特别强调身份的特殊性、交谈内容的保密性或该产品的稀缺性和独特性。受害人会认为机会难得，遇到了懂行的专业人士，摊上了好运气，捡了个大便宜，于是，在短时间内受认识狭窄的情境氛围影响，盲目跟随对方的欺骗和暗示，造成巨大损失。

（二）对诈骗犯的身份特征的识别

为了增加诈骗内容的可信度，犯罪人往往会借助一些道具假扮某种身份来作为犯罪手段，包括维系专家、政府官员或特殊身份的人员所需要的衣着服饰、社会角色、社会关系以及住所、交通工具等，都可能成为欺诈成功的工具。其中，服饰往往可以反映一个人基本的品性与态度、社会地位等因素，如衣衫褴褛者可能以乞讨为生、衣冠楚楚者可能工作稳定，但这种固化的模式却往往可能出错，尤其是在诈骗情境中。很多专门从事诈骗犯罪的犯罪人，运用特定的行业服饰扮演相应的角色，使受害人产生错觉，从而掩盖其无业行骗的真实身份。

此外，犯罪人为了保证每次诈骗成功，必须为诈骗的外环境做好充分准备，但如果把所有诈骗的细节都不折不扣地完成，又必然耗费巨大的物质与精神成本，因此，犯罪人往往使用一些不为人知的细节使受骗者完全信任其所扮演的角色。冒充政府官员诈骗钱财的案件中，犯罪人可能把会面地点设在机关单位的门口，使受害人产生错觉和信任；利用皮包公司进行诈骗时，犯罪人可能使用高档交通工具作为其身份的象征。

有时，为了准确地识别诈骗分子，可以从观察受害者的角度来间接地判断是不是诈骗行为，如受害者脸色异常，显得非常焦虑，不和任何家人联系，或是行为非常匆忙，声音急促不安等。例如，在金融部门，需要注意的受害者情况为：一是非常急迫，一边打电话，一边转账；二是不认识转账对象，不知道对方的身份；三是情绪焦虑，声音异常；四是多为老年客户转账。

（三）对诈骗行为的微表情辨识

1. 眼神的辨识

诈骗犯在对受害者说话时，不会左顾右盼，为了让对方相信他的真诚，他会和受害者进行频繁的视线接触，更加专注地盯着对方的眼睛，瞳孔膨胀。欺骗者看受害者的时候，注意力太集中，他们的眼球开始干燥，为了缓解眼睛的干涩和疲劳，多会频繁眨眼，这是一个主要特征。

此外，当他们谈话时眼球会更多地向右上方看。科学的研究表明，当人的大脑正在加工一个声音或图像时，其眼球的反射动作是向右上方看。但是，如果他们在试图回忆确实发生过的事情时，其眼睛会向左上方看。这种条件性的反射动作，是人的神经系统动力定型，很难进行纠正。

2. 声音的识别

最常见的语调方面的欺骗迹象是停顿，如停顿得过长或者次数太多；破句也可能是一种欺骗迹象，如夹入无意义的语音"呃""啊""嗯"，重复某一个词，如"我，我，我"以及把某些词拖得太长。此外，为了让受害人确信他们所说的事实，诈骗犯在说话时，声量和声调会突然发生变化，而且声音还会不自觉地拔高。

3. 手部行为的识别

为了赢得受害人的好感，诈骗犯会试图和对方进行更亲密的互动，以建立一种信任关系。他们会借助手臂来碰触对方的身体，或是搭对方的肩膀，或是主动帮对方拿行李或搀扶对方等方式，侵入对方的私人空间，进行观察和判断受害者的风险识别能力。

4. 脚步动作的识别

诈骗犯为了树立一种可信的形象，他们的脚步动作会比较稳定和缓慢，紧贴地面。但是，一旦他确信受害者上当之后，为了尽快获得相关利益，他们的脚步动作会变得比较轻盈，远离地面的频率会比较高。

六、对诈骗犯的处置程序

诈骗案件虽然五花八门，但是，安保人员在处置程序上也会遵循一定的规律。主要程序有：

（一）加大宣传，进行事前防范

对于诈骗案件，进行网点宣传是最重要的措施。在宣传手段上，可以有三种措施：（1）用 LED 屏宣传。安保部门要不定期宣传防诈骗知识，并采取多种方式留存影像资料，这些在发生客户纠纷时能够很好地起到举证作用。（2）用"小贴士"宣传。安保部门可以利用各单位公告栏使预防诈骗宣传制度化，结合不同时期诈骗案件的特点，对客户进行温馨提示。（3）工作一线的宣传。安保人员在执勤过程中，可以针对不同客户的特点，进行直接宣传。

（二）识别可疑人，及时劝说客户

识别是前提，是重点。在工作过程中，安保人员要关注容易发生诈骗案件的柜台、人口聚集场所等地方，提高自己的观察能力，利用专业知识及时识别可疑人，并采用适当的方法劝说客户不要上当受骗。

（三）保留证据，及时报警

对于已经发生的诈骗案件，安保人员要及时询问在场的目击证人，保留关键证据，准确掌握可疑人的面貌特征、人员特征，以及方言、口音、诈骗手段等信息，及时报警，并及时反馈给客户单位，早日杜绝隐患。

【思考题】

1. 解释下列概念：

盗窃罪　诈骗罪

2. 简述盗窃犯罪的行为特征。

3. 简述诈骗犯罪的行为特征。

4. 识别盗窃犯的线索有哪些？

5. 案例分析题

（1）最近，某公安局某分局微博上爆出一条惊人消息：自称拥有曹操墓造假的十多项铁证而一夜之间蹿红网络的"闫某某"，真实姓名为胡某某，实际上是一名网络逃犯。2005 年，他曾因冒充记者骗人钱财而被警方列为网络逃犯。该消息已经证实。

据受害人讲述：胡某某自称某报社记者，可以帮助其解决土地纠纷之事。受害人开始将信将疑，胡某某在接触最初并未要钱，当得知受害人正在打官司时，就说自己有熟人在政府，可以帮忙。事后查询确有该人在政府任职。随后胡某某屡次伴装出入政府大楼谈事，事后又提供了解决纠纷的红头文件给受害人。然后以打点、送礼为名，先后索要 5 万余元好处费，直到案发。

提问：诈骗犯具有哪些心理特征？

（2）刘某，35 岁，惯犯，主犯，曾两次因盗窃入刑；属于拆迁户，家境非常富裕，有多套房产和一部车；已婚，有一个尚未满月的孩子。刘某在与李某相识后，决定去机场撬车，窃取车内财物，涉案金额达到 10 多万元。2013 年 1 月 11 日，在北京首都国际机场航站楼的停车场内，监控人员发现两名男子走到了一辆奥迪车前，在左右前后观望之后，一名黑衣男子走到车门前，只用了 5 秒钟就把车锁打开了，之后他在车后备箱翻看了一番，又进到车内寻找财物。在拿到一部手机后，两人继续寻找下一个作案目标，发现监控录像后逃跑。在逃跑途中，刘某迎面发现民警正在赶往现场，他假装打电话得以逃脱。后来，刘某乘坐李某开的汽车逃离机场。警方发现，刘某等人具有一定的反侦查意识，他们经过多次踩点，对停车场的环境非常熟悉，专门挑没有摄像头的死角下手，没有留下有价值的线索。而且，刘某在犯罪时的心理状态良好，并不慌张，并且能伪装成正常的旅客和行人，隐蔽性非常强。在被抓获后刘某交代，自己盗窃不是为了钱，平时表面上看着挺高兴，但内心极度空虚苦闷，又不愿意和他人交流。进行盗窃只是为了寻求刺激，用几秒钟打开车锁，会有一种成就感。多年来一事无成，最引以为豪的是能在瞬间撬车成功，因此，为了追求刺激，也就顾不上家人老小了。选择机场作案的主要原因：一是机场车多，处于半封闭状态；二是机场的豪车多，因而车内的财物较多。而且，刘某发现，车主由于着急接人或送客，往往会把手机、钱包等放在车里显眼的地方，一旦意识到了遗漏，也很少马上返回，这样的车辆就成了刘某的作案目标。同时，为了掩饰作案，刘某和李某也开着一辆车，李某待在车内或偶尔下车负责望风。两人结伙作案，会更有利于发现目标和脱逃。

民警介绍，在机场盗窃案中，犯罪分子盗窃的主要是电子产品，包括电脑、苹果手机、钱包、烟、酒等。民警提示：在停车场内，车内尽量不要放贵重物品，下车时要确认车门是否锁好，不要把后备箱当做保险箱放置大量财物，遇到盗窃发生时要马上报警，以便机场安全人员及时采取措施等。

问题：我们该根据哪些特征来识别盗窃犯罪分子？

【参考文献】

1. ［美］Curt R. Bartol，Anne M. Bartol 著，杨波、李林译：《犯罪心理学》，中国轻工业出版社，2009 年版。

2. ［俄］尤里·谢尔巴特赫著，徐水平、储诚意译：《欺诈术与欺诈心理》，华文出版社，2006 年版。

3. 宋钊编著：《欺诈术与欺诈心理解密》，中国时代经济出版社，2011 年版，第 27 页。

4. 李光明、寇学军著：《权利监督与廉政法律制度建设研究》，经济日报出版社，2009 年版，第 68 页。

5. 徐连纯、徐洪波著：《中国现代化进程中的腐败问题研究》，河南人民出版社，2005 年版，第 38 页。

6. ［美］沃特·谢佛尔著，方双虎等译：《压力管理心理学》（第四版），中国人民大学出版社，2009 年版，第 151 页。

7. 陈成雄：《论我国刑法中的职务犯罪概念》，载《国家检察官学院学报》，2003 年 10 月。

8. 刘建清：《论职务犯罪人及其预防》，载《政法学刊》，2005 年 2 月。

9. 刘跃挺、康乐：《论社会压力与贪官人格的形成》，载《犯罪研究》，2011 年 3 月，第 27 页。

第五章 心理变态者的识别与处置

随着经济的快速发展，人们的生活节奏和方式发生着剧烈变化，个体所承受的经济和社会压力会更大，发生心理问题的比例也逐年提高。目前，全国各类精神疾病患者达 1 亿人以上，重症者超 1600 万人，截至 2015 年年底，我国在册严重精神障碍患者已达 510 万人①。一些具有危险性的精神病人在病态心理的支配下，实施伤人、杀人、劫持人质、放火、爆炸，造成群死群伤的严重后果。因此，加强对具有危险性的心理变态者的识别和处置研究，是目前安全防范工作的一个重点课题。

【学习目标】

1. 掌握变态心理的含义；
2. 了解心理变态的一般特征；
3. 掌握人格障碍者的外在行为特征和处置措施。

---

① 《精神病患者超 1 亿人，一个精神病患者拖垮一个家》，2016 年 11 月 19 日，人民网—人民日报。

第一节　心理变态者的一般特征

【引例】

北京家乐福杀人事件

2013 年 7 月 22 日中午，北京西城区马连道家乐福附近发生一起持刀伤人事件，造成 4 人（三男一女）受伤。在伤者中，一名中年妇女经抢救无效身亡；另有两名男童，分别为 2 岁和 12 岁，正在抢救中。经警方初步审查得出，犯罪嫌疑人王某，男，1963 年出生，北京市人，蓄着花白胡须，前额发鬓很高，有些轻微秃顶。王某有精神病史，于 2012 年 9 月 5 日被大兴区精神病院收院治疗，2013 年 1 月 11 日从该院出院。事发时，超市刀具柜台售货员证实，犯罪嫌疑人是在超市买刀后现场伤人。她称，刀具均是锁在柜子里售卖，犯罪嫌疑人在柜台登记完个人信息、结完账后就拿刀往超市里面跑，"当时都蒙了，赶紧去找超市保安"，随后发生伤人事件。犯罪嫌疑人在杀完人后并不逃走，而是坐在地上，后被警方当场抓获。

——摘自新京报

提问：

变态杀人者的行为特征有哪些？

一、什么是变态心理

变态心理（abnormal psychology）又称异常心理、病理心理或心理障碍，是指个体心理，如认知、情绪情感、意志行为、人格特征和行为表现超出了正常范围，甚至表现为某种程度上丧失了辨认能力或控制能力。变态心理包括的范围很广，从广义上讲，包括精神病（如精神分裂症、燥郁型精神病、老年性精神病）、性心理障碍（如恋物癖、恋童癖）、人格障碍（如偏执型人格障碍、反社会型人格障碍）和精神发育迟滞等。

二、心理变态者的主要特征[①]

（一）认知障碍

1. 感知障碍

（1）感觉障碍，如感觉过敏、感觉减退和内感性不适。例如，在闷热和拥挤的空间内，有些乘客会变得敏感和易怒。

（2）知觉障碍，如错觉和幻觉。根据感受器官的不同，幻觉可分为幻听、幻视、幻嗅、幻味、幻触和内脏性幻觉。其中，幻听最常见，幻视次之。在安保工作中，一旦发现顾客报告幻听的内容，就要引起警觉。例如，有的顾客会反复听到"说什么也不能让他跑了"的声音，属于典型的偏执妄想症状，这时就需要安保人员联系其监护人，进行干预。

（3）感知综合障碍。感知综合障碍是指病人在感知某一现实事物时，作为一个客观存在的整体来说是正确的，但对该事物的个别属性，如大小、形状、颜色、空间距离等产生与该事物不相符合的感知。常见的分类有空间、时间、运动、形体感知障碍以及非真实感等。

2. 思维障碍

（1）思维形式障碍，如思维奔逸（严重时会出现音联和意

---

① 郭念锋：《心理咨询师（基础知识)》，民族出版社，2005年版，第261～274页。

联）、思维迟缓、思维贫乏、思维松弛或思维散漫、破裂性思维、思维不连贯、思维中断、思维插入和思维被夺、病理性赘述、病理性象征性思维、语词新作、逻辑倒错性思维。例如，一名男性，29 岁，断言半年来姑母要害他入院，坚信姑母要将表妹强嫁于他。病人为此十分气愤，表示近亲结婚是绝对不会答应的。问他这种想法的根据时，病人说，一天他去姑母家，表妹拿了一碟玫瑰酥与核桃酥请他吃。他认为玫瑰是爱情的表示，核桃是合起来，志同道合的意思，因此断定表妹看中了他，并说之后姑母又串通其他人采取了一系列的行动，逼他就范。

（2）思维内容障碍，如妄想、强迫观念和超价观念。其中，妄想按其内容可分为关系妄想、被害妄想、特殊意义妄想、物理影响妄想、夸大妄想、自罪妄想、疑病妄想、嫉妒妄想、钟情妄想、内心被揭露感。

3. 注意、记忆与智能障碍

（1）注意障碍，主要表现为注意力的减弱和注意力狭窄。例如，有的顾客会在露天阳台上大声演讲，丝毫不顾及自身的危险性。

（2）记忆障碍，表现为记忆增强、记忆减退、遗忘、错构、虚构。

（3）智能障碍，分为精神发育迟滞和痴呆。精神发育迟滞是指在先天或围产期或在生长发育成熟以前，由于多种致病因素的影响（如遗传、感染、中毒、头部外伤、内分泌异常或缺氧），使大脑发育不良或发育受阻，以致智能发育停留在某一阶段，不能随着年龄增长而增长，其智能明显低于正常同龄人。痴呆是一种综合征，是意识清楚情况下后天获得的记忆、智能的明显受损。大多数的痴呆是脑器质性的，但也有由于心理应激导致的假性痴呆。

4. 自知力障碍

自知力障碍指患者对自身精神病态的认识和批判能力缺失，不认为自己是病人。

（二）情感障碍

（1）以程度变化为主的情感障碍，包括情感高涨、情感低落、焦虑、恐怖。

（2）以性质改变为主的情感障碍，包括情感迟钝、情感淡漠、情感倒错等。

（3）脑器质性损害的情感障碍，包括情感脆弱、易激惹、强制性苦笑和与环境不相适宜的欣快等。

（三）意志行为障碍

意志行为障碍主要表现为意志增强、意志缺乏、意志减退、精神运动性兴奋、精神运动性抑制（如木僵、违拗、蜡样屈曲、缄默、被动性服从、刻板动作、模仿动作、意向倒错、作态、强迫动作）。例如，有的心理变态者在候机时，会反复地扭自己的肩膀。

三、心理变态者的犯罪行为特征

由精神病患者因辨认障碍或控制障碍而实施的犯罪行为，就称为变态心理犯罪或病理心理犯罪。病理心理主要指精神病患者的特殊病态心理，主要症状有严重的意识障碍，意识朦胧状态，病理性幻觉、妄想，严重的精神运动性兴奋，强迫行为，智能缺陷等。病理心理使患者的认知、情感、意志、行为等出现异常，并伴随辨认力、自制力和自知力的减弱或丧失，易导致不顾法律约束而发生危害社会秩序的越轨行为和犯罪行为。虽然不是所有的变态心理者都注定要犯罪，但是统计学显示，在犯罪人中的变态心理患病率要高于一般人群的变态心理患病率。近年有学者对一些犯罪人做人格测验，结果显示，犯罪人的人格障碍患病率明显高于一般人口的人格障碍患病率①。目前，与犯罪最为相关的四类精神障碍是精神分裂障碍、偏执障碍、心境障碍（重度抑郁）和反社会人格障碍。

（一）犯罪动机

犯罪动机是指实施犯罪行为的心理起因，心理变态者的犯罪动机，与一般人存在很大不同。其主要特征有：

1. 犯罪动机不明确

其违法犯罪行为多由意识和意志障碍引起，是精神异常所致。例如，他们在实施暴力行为时，往往不顾受害者的身份和年龄，具有典型的发泄性。

2. 具有奇特性

主要表现为动机不合逻辑，动机与行为极不相符，是在脱离现实的幻觉或妄想的基础上产生的，使人难以理解。例如，他们会保留受害者的皮带、头发等，作为一种象征性的仪式。

3. 动机指向的目标不明确

与正常人相比，有些心理变态者有比较明显的动机和内在逻辑，但是没有现实性基础，他人也不能理解。例如，挪威杀人犯布雷维克认为，自己枪杀 57 名青少年的动机是为了抗议政府的移民政策，他声称："如果我杀死很多挪威孩子，政府就一定明白我的警告了——移民到挪威的穆斯林和外国人太多了。"

4. 缺乏利己性

变态心理犯罪人的行为并非为了获得利益，有时其行为还对

---

① 罗大华：《犯罪心理学》，中国政法大学出版社，2007 年版。

自己造成危害。例如，有的变态杀人者认为，自己是帮助受害人解脱了痛苦。

5. 具有冲动性和无意识性

变态心理者易激惹，情绪极不稳定，易因微弱刺激而暴怒或在一时冲动下犯罪，在冲动产生与行为实施之间缺乏思考、控制过程。

（二）行为特征

行为人在变态心理犯罪动机的病理性、本能冲动性基本特点的驱使下，其犯罪行为表现出一些与之密切相关的行为特征①。

1. 情境性

变态犯罪者多数受到偶然情境、刺激性事件所驱使，缺乏计划性和预谋性。例如，有的变态犯罪者看到婴儿，突然就有抱走的行为。

2. 残忍性

心理变态者的犯罪行为方式具有本能的原始性、冲动性与暴力性。手段极为血腥残忍，现场一片狼藉混乱，后果非常严重。有的心理变态者以残害受害人的身体，作为满足自己的手段。

3. 低自我保护性

一般而言，心理变态者在作案过程中，手段比较直接，自我保护能力比较差，不会掩饰和隐藏自己的罪行，更多地选择在公开场所作案；在作案后，他们也不急于逃走，甚至会返回到犯罪现场。

4. 单独性

心理变态者在犯罪中，很少有同伙共同作案。其中主要的原因是，心理变态者很少能和他人进行人际互动，彼此也缺乏共同

---

① 刘邦惠：《犯罪心理学》，科学出版社，2009 年版，第 295 ~ 296 页。

的犯罪动机和目的。

5. 自我肯定性

心理变态者对自己的犯罪行为没有自知力，也没有道德是非的判断。在被审讯过程中，不否认自己的行为事实，甚至会认为自己只是为了自我防御。

6. 反复性

心理变态者在犯罪时，大都受到无意识的病理性犯罪动机的驱动，具有强烈的顽固性和防御性，很难进行彻底纠正，反复性很强。

第二节　人格障碍者的识别与处置

【引例】

王某，男，28 岁，故意杀人罪。从 9 岁时，开始偷拿老师钱包和家里的钱；由于经常受到父亲的粗暴打骂，12 岁时王某利用各种手段逼母亲离婚，后一直跟母亲生活；14 岁时，因扰乱公共秩序受到行政拘留；17 岁时，因违反枪支管理规定受到行政拘留；同年，因抢劫被判处有期徒刑 9 年，入狱服刑 7 年；出狱后，王某想的第一件事，是希望自己的妈妈死掉，这样就可以无所顾忌地杀人了。王某有多个女朋友，但对谁都没有感情，只是想利用她们便于窝藏。2003 年，王某绑架拿到 300 万元赎金，随即杀死人质，后又企图绑架人质的弟弟。在第四起绑架案中，王某冒充警察绑架某著名演员吴某。后被抓获，刑警从王某身上和车上搜出了一把上了膛的"五四"式手枪和一个手雷。据王某交代，这次绑架，只要拿到赎金就杀掉人质。2005 年，审判后执行死刑。至此，可以看出王某的一生几乎是以犯罪为生。①

思考题：

王某的性格有哪些特点？有哪些外在的行为表现？

一、什么是人格障碍

人格，又称"面具""个性"，反映的是个体在社会化过程中所形成的整体心理面貌，是具有一定倾向性的各种心理特征的总和。这些心理特征主要包括能力、情绪、需要、动机、兴趣、态度、价值观、气质、性格和体质等方面。个体在适应环境的过程中，将各种心理特征进行整合，形成独特的人格特点。同时，又随着环境的变化，呈现动态性、连续性和一致性的特征。

变态人格，又称为人格障碍、病态人格等，指在没有智力缺陷、认知过程障碍的前提下，个体的人格明显偏离常态，这种偏离使个体形成了一贯的反映个人生活风格和人际关系的异常行为模式。这种模式显著偏离特定的文化背景和一般认知方式（尤其在待人接物方面），明显影响其社会功能与职业功能，造成对社会环境的适应不良，个体为此感到痛苦。虽然没有智能障碍，但适应不良的行为模式难以矫正，仅有少数病人成年后在不同程度上得以改善。通常开始于童年期或青少年期，并长期持续发展至成年或终生。如果人格偏离正常系由躯体疾病（如脑病、脑外伤、慢性酒精中毒等）所致，或继发于各种精神障碍，则称为人格改变。

---

① 李玫瑾：《犯罪心理学研究——在犯罪防控中的作用》，中国人民公安大学出版社，2010年版。

二、人格障碍者的犯罪特征

人格障碍者的犯罪与常态人格者的犯罪有许多不同之处。主要表现为①：

1. 犯罪形式

一般带有偶然性，作案前较少预谋或没有预谋，没有明确的目标，随机冲动性强。作案手法一般不甚隐蔽，作案情节离奇怪诞，有的胆大妄为，手段残忍。自我保护性差，害人害己，甚至对自身伤害更大。抓获后不逃避罪责，能供认不讳。犯罪活动一般为单独进行。

2. 犯罪性质

多为攻击型、爆发型。在变态心理和病理性激情支配下，多发生伤害、凶杀等恶性犯罪。由于多疑、记仇，极易进行报复性的毁物、纵火等恶性犯罪。由于性格异常且顽固，行为习惯难改，常进行持续犯罪。

三、人格障碍类型与心理特征识别

依据 CCMD－3 的标准，人格障碍主要划分为以下类型：偏执性、分裂样、反社会性、冲动性、表演性、强迫性、焦虑性、依赖性等，有些类型的人格障碍极少导致犯罪，如强迫性人格障碍、依赖性人格障碍等，但有些人格障碍如偏执性、反社会性人格障碍与犯罪活动关系较为密切。

（一）偏执性人格障碍的特征识别

偏执性人格障碍以猜疑和偏执为主要特点，并至少包含下列

---

① 罗大华、何为民：《犯罪心理学》，浙江教育出版社，2002 年版，第 432 页。

3 项，主要的判断标准分别是：

（1）对挫折和遭遇过度敏感；

（2）对侮辱和伤害不能宽容，长期耿耿于怀；

（3）多疑，容易将别人的中性或友好行为误解为敌意或轻视；

（4）明显超过实际情况所需的好斗，对个人权利执意追求；

（5）易有病理性嫉妒，过分怀疑恋人有新欢或伴侣不忠，但不是妄想；

（6）过分自负和自我中心的倾向，总感到受压制、被迫害，甚至上告、上访，不达目的不肯罢休；

（7）具有将其周围或外界事件解释为"阴谋"等的非现实性优势观念，因此过分警惕和抱有敌意。

综合以上特征，本症患者容易产生关于被害的、关系的或嫉妒的超价观念，因此很难与同事或上级友好相处。但很多患者仍可基本正常工作，部分人可能产生报复性或攻击行为与自杀行为，多见于男性。

（二）分裂样人格障碍的特征识别

分裂样人格障碍以观念、行为和外貌装饰的奇特、情感冷淡及人际关系明显缺陷为特点，并至少包含下列 3 项，其判断标准分别是：

（1）性格明显内向（孤独、被动、退缩），与家庭和社会疏远，除生活或工作中必须接触的人外，基本不与他人主动交往，缺少知心朋友，过分沉湎于幻想和内省；

（2）表情呆板，情感冷淡，甚至不通人情，不能表达对他人的关心、体贴及愤怒等；

（3）对赞扬和批评反应差或无动于衷；

（4）缺乏愉快感；

（5）缺乏亲密、信任的人际关系；

（6）在遵循社会规范方面存在困难，导致行为怪异；

（7）对与他人之间的性活动不感兴趣（考虑年龄）。

本症可成为精神分裂症的病前人格基础，也可在不良境遇或刺激下产生较短暂时期的"精神病发作"，还可发生违法犯罪行为。但时过境迁之后，又能恢复到原精神活动水平而没有进行性发展病程。

（三）反社会性人格障碍的特征识别

我国台湾地区学者杨士隆认为，反社会人格具有以下主要特征：

（1）弱小的超我；

（2）情感不成熟，以自我为中心和高度的冲动性；

（3）反抗权威，无法从错误中吸取教训；

（4）无爱人和接纳他人爱的能力，人际关系不良；

（5）虚伪多诈，极易剥削人，并使其行为合理化。

主要表现为：无法爱人与接受他人的爱；行为具有冲动性，无延缓需求的能力。

我国学者李玫瑾认为，反社会人格的罪犯具有如下特征①：

（1）异常表现始于早年

他们的行为大多在 10 岁前就有所显露，中学时期被人发现异常，不安分、胆大、怪异并有破坏性。例如，石家庄爆炸案的凶手靳某，行为从小就怪异，因为耳聋，导致他疑心和嫉妒心的异常发展，周围同学没人愿意与他交往。他经常没有理由，不断

---

① 李玫瑾：《犯罪心理学研究——在犯罪防控中的作用》，中国人民公安大学出版社，2010 年版。

重复，让周围人感到困扰。又如，北京绑架案主犯王某自述："我这个人从小就坏，九岁就开始偷家里的钱，我爸说我，周围没有坏人呀，你怎么就这么坏，我也纳闷，真的没人教我……"

（2）家庭背景基本正常

在早年，父母对不良行为进行管教，但不起作用。有的曾被送入军校或参军，其他兄弟姐妹很正常。

（3）缺乏自然情感力

他们没有亲情、友情和恋情，天生缺乏一种心理控制或约束力。例如，第一次因抢劫而服刑 9 年，临出狱前，王某曾说："我当时唯一的想法是出去先把我妈杀了，为什么？因为我觉得我要是犯罪，她受不了这种痛苦，我想让她瞬间不知道，让她瞬间结束生命，这样我就可以放开了……"黑社会头目张某，从小学起就与班上的许多同学打架，并持刀伤人，高中时就提着菜刀闯入自己看中的女孩家逼婚。他曾说："不会对任何人有感情，只是利用。""事前我们俩商量过，谁受了伤，对方就把受伤的打死，免得刑场碰到了不舒服。""我只是一个土匪、草莽，我这个人就像毒瘤，谁沾上谁就死路一条。"在现实生活中，他们会结婚，也会生儿育女，然而，却在一个晴朗的早晨，突然消失掉，再无音信。

（4）聪明且善于谋划

例如，靳某喜欢玩弄炸药，会修电器，喜欢打猎，枪法极准；张某则精心策划了一系列抢劫银行的案件。

（5）道德白痴不可教化

反社会人格障碍者不在乎法律，也不在乎惩罚，他们心里全部都是自己的欲望，不惧怕刑罚，也不具有真正的悔恨。例如，张某曾经对警察说："如果你们的动作慢一点，不是你们被打死，就是我开枪打死我自己。""我对所杀害的女孩，没有过对不起她的感觉，这是天意，我那天正想做此事（指碎尸），就撞见她了，我想这是她命中注定的！""实际上，谁的东西，我都想抢。"他还说："我早就想杀严某（情妇）灭口，但我看她的父母太可怜没有下手，让她多活了几年。我常德的一些朋友，我都想把他们杀了。顺我者昌，逆我者亡，这就是我的脾气。"

（6）肆意犯罪不会终止

极端的反社会人格者缺乏情感、极为冷漠和不在乎。他们想做什么就一定会做，永远不会停止犯罪行为。

一般意义上，反社会性人格障碍者的特点是行为不符合社会规范、经常违法乱纪、对人冷酷无情等。其中，男性多于女性，本症往往在童年或少年期（18 岁前）就出现品行问题，成年后（18 岁后）习性不改，并至少包含下列表现中的 3 项：

（1）严重和长期不负责任，无视社会常规、准则、义务等，如不能维持长久的工作或学习，经常旷工或旷课，多次无计划地变换工作，有违反社会规范的行为且这些行为已构成拘捕的理由（不管拘捕与否）；

（2）行动无计划或有冲动性，如进行事先未计划的旅游；

（3）不尊重事实，如经常撒谎、欺骗他人，以获得个人利益；

（4）对他人漠不关心，如经常不承担经济义务、拖欠债务、不赡养子女或父母；

（5）不能维持与他人的长久关系，如不能维持长久的（1 年以上）夫妻关系；

（6）很容易责怪他人，或对自己与社会相冲突的行为进行无理辩解；

（7）对挫折的耐受性低，微小刺激便可引起冲动，甚至暴力行为；

（8）易激惹并有暴力行为，如反复斗殴或攻击别人，包括无故殴打配偶或子女；

（9）危害别人时缺少内疚感，不能从经验特别是在受到惩罚的危险中汲取教训。

在 18 岁前有品行障碍的证据，至少包含下列 3 项：

（1）反复违反家规或校规；

（2）反复说谎（不是为了躲避体罚）；

（3）习惯性吸烟、喝酒；

（4）虐待动物或弱小同伴；

（5）反复偷窃；

（6）经常逃学；

（7）至少有 2 次未向家人说明外出过夜；

（8）过早发生性活动；

（9）多次参与破坏公共财物活动；

（10）反复挑起或参与斗殴；

（11）被学校开除过，或因行为不轨而被停学至少一次；

（12）被拘留或被公安机关管教过。

由于反社会人格障碍具有以上特征，因此他们非常容易触犯社会规范和法律。在违法犯罪人群中具有反社会人格的人数量较多，可达 30% 以上，远高于一般人群的患病率（1% 以下）。而且，在所有的变态人格中，反社会人格引起的违法犯罪行为最多，以暴力性犯罪多见，智能性犯罪较少见，同一性质的屡次犯罪以及罪行特别残酷或情节恶劣的犯罪人中，1/3 至 2/3 的人都属于此类型变态人格①。

---

① 陈和华：《论反社会人格与犯罪》，载《犯罪研究》，2005 年第 1 期。

（四）冲动性人格障碍者的特征识别

冲动性人格障碍又称为攻击性人格障碍，以情感爆发伴明显行为冲动为特征，男性多于女性，并至少有下列 3 项：

（1）易与他人发生争吵和冲突，特别是在冲动行为受阻或受到批评时；

（2）有突发的愤怒和暴力倾向，对导致的冲动行为不能自控；

（3）对事物的计划和预见能力受损；

（4）不能坚持任何没有即刻奖励的行为；

（5）不稳定的和反复无常的心境；

（6）自我形象、目的，及内在偏好（包括性欲望）的紊乱和不确定；

（7）容易产生人际关系的紧张和不稳定，时常导致情感危机；

（8）经常出现自杀、自伤行为。

攻击性人格障碍者的行为表现为自控能力低下，发作前常没有先兆，不考虑后果，容易与人发生冲突，产生不良后果，并具有犯罪倾向。

（五）表演性（癔症性）人格障碍的特征识别

表演性人格障碍以过分的感情用事或夸张言行吸引他人注意为特点，并至少有下列 3 项：

（1）富于自我表演性、戏剧性、夸张性的表达情感；

（2）肤浅和易变的情感；

（3）自我中心，自我放纵和不为他人着想；

（4）追求刺激和以自我为注意中心的活动；

（5）不断渴望受到赞赏，情感易受伤害；

（6）过分关心躯体的性感，以满足自己的需要；

（7）暗示性高，易受他人影响。

表演性（癔症性）人格障碍患者，很多会发生性犯罪和财产犯罪，且在犯罪现场很容易引起周围群众的围观。

四、对患有人格障碍危险人员的处置措施

（一）评估人格障碍者的危险性

安保人员在面对看起来有点问题的顾客时，要有情境意识，时刻对威胁和危险保持警觉，可以依据人格障碍的特征标准，对其进行危险评估，以预测危险人格者的下一步行动，提前采取防范措施。但是，如果遇到特殊情况，需要立刻对危险人格进行评估时，可以依据下述五个题目来进行一般性的评估①。

（1）此人给我的情绪造成的影响是负面的吗？

（2）此人的行为是否违法、古怪、不道德、蔑视社会准则？

（3）此人的行为是不是在剥削、利用别人或控制别人？

（4）此人是否有危险举动？

（5）此人是否言行冲动、自控力差，或者说，此人是否不愿延迟享乐？

在上述五个问题中，回答"是"的题目越多，就越说明评估的顾客具有多种危险人格特征。然后，安保人员再利用所学的知识，对其严重程度进行评估。

（二）预防

1. 积累知识、留心观察

安保人员在日常的工作中，要充分积累对危险人格进行识别的知识并加以运用。要留心观察身边的顾客，注意他们所表现出

① ［美］乔·纳瓦罗、托妮·斯爱拉·波茵特著，吴国锦译：《危险人格识别术》，北京：九州出版社，2014年版，第227～228页。

来的与众不同的地方，如穿着打扮、文身、说话的方式、说话的语气、说话的内容、与周围人进行人际互动的模式等，以保护自己和其他顾客的安全。

2. 充分利用自己的直觉

在面对危险人员时，人都有一个受潜意识作用的内部预警系统，来提示当事人。这是人本身存在的直觉。安保人员在与顾客打交道时，要相信自己的直觉。如果觉得对方给自己的感觉是汗毛耸立、起鸡皮疙瘩、皮肤发红、恶心、焦虑或隐隐觉得不安时，要关注这些来自身体的警示信号，以便进行危险识别。

3. 分清友善和善良

很多人格障碍患者，和他人进行初步交往时，会擅长表现出和善的行为方式，如帮陌生女子提东西、参加公益筹款活动、为小朋友拍照等，但他们的最终目的不是帮助他人，而是进行伪装，以获取他人的信任。因此，友善和善良之间存在很大区别。善良是以满足他人的需求为最终目的，而友善只是为了眼前的利益。因此，安保人员在面对顾客的友善行为时，要保持警惕，不能盲目推定其具有善良的性格，从而丧失安全意识。例如，犯罪人张某为了逃避公交车上安保人员的检查，主动帮助和配合安保人员，要求其他乘客打开行李和拿出身份证进行安检，以此来赢得安保人员的好感。

4. 控制时间和空间距离（包括情感空间）

安保人员在与危险人格患者接触时，要控制好时间和空间的距离。有的危险人格患者，常常以时间不够、事件紧急为借口，躲过安保人员的检查。同时，危险人格患者也会侵入安保人员的私人空间范围，实施暴力行为。这时，安保人员要引起警觉，主动保持和他们的空间距离，以保证自身安全。

5. 充分收集对方的背景信息

安保人员在采取行动之前，应尽可能了解危险人格患者的相关信息，包括对方的名字、出生地、出行的目的、与同行人的关系等，真正摸清对方的底细，再寻找相应的应对措施。

（三）应对

1. 不要拖延，当机立断

安保人员一旦发现对方属于危险人格患者时，不要试图与对方沟通和交流，不要跟他们争辩是非，也不要试图解决当前的问题，在这种情况下，危险人格患者可能会随时爆发情绪。安保人员要当机立断，不要拖延，马上采取行动，尽可能想办法远离危险人格患者，不与其发生正面冲突。危险人格患者很容易突破界限，发生暴力行为，如果安保人员单独行动，会招致对方的攻击。因此，安保人员应在适当时候请求队友支援。

2. 记录对方的言行

安保人员要尽可能记录下危险人格患者的一言一行，包括辱骂的内容和持续的时间、踢门的动作、殴打他人的具体方式等各种细节，以积累执法证据。

3. 寻求上级机关和专业人士的帮助

安保人员如果感到事态正在恶化，要及早采取措施，和上级进行汇报，同时联系相关的援助机构、危机干预中心等，以获得专业人士的帮助。

4. 制定界限，采用必要的强制手段

安保人员对待危险人格患者时，要采取相对严厉的措施，态度不能过于温和，以防止他们变本加厉、逐层递增的侵犯行为。在面对对方的言语和人身攻击时，要尽可能采取严厉的措施，避免被危险人格患者所控制，进行严正警告或采取必要的强制行为，以保护自己和其他顾客的人身安全。

第三节　精神病人的识别与处置

【引例】

　　2004 年 9 月 30 日，临武县广宜中心小学教师刘×文，突然持刀在教室和校园内行凶，共伤害师生 16 人。其中，4 名学生死亡，9 名学生和 3 名教师受伤。刘×文持刀杀人后，又持刀闯入学校三楼六年级教室，将教室内的 65 名学生挟持为人质，后经临武县县委书记黄明现场说服归案。据临武县警方侦查，刘×文以前有精神病史，他在作案前后也有精神异常的表现。根据《中华人民共和国刑事诉讼法》有关规定，当地警方决定对刘×文进行司法精神病鉴定，以便对他是否有精神病以及作案时的精神状态和责任能力进行鉴定。10 月 14 日，刘×文接受了精神病司法鉴定并被送往相关医院进行强制治疗。

　　问题：

　　1. 我们该如何识别精神病人？

　　2. 针对精神病人，要采取哪些处置措施？

一、精神病的概念

　　精神病（psychosis），亦称为"重性精神病"，属于心理障碍的一种，是指在生物、心理和社会环境因素的不利影响下，精神功能明显异常，以致不能应付日常生活需要，且社会功能受损而不能与现实保持恰当联系。根据病理解剖学基础，可分为功能性精神病和器质性精神病两大类。它不包括精神发育迟滞、神经症、心因性精神障碍和人格障碍。

精神病犯罪人（psychotic offender）是指因精神病发作而进行违法犯罪活动者。具体分三类：（1）在意识障碍下产生违法犯罪行为的精神病患者。意识障碍见于多种精神病，如癫痫性意识朦胧状态、某些药物引起的意识朦胧状态、病理性醉酒状态、反应性意识朦胧状态、癔病性意识朦胧状态及某些病理性激情中的意识障碍等，这些都可能导致患者产生违法犯罪行为。（2）智能缺损状态下产生违法犯罪行为的精神病患者。先天性精神发育迟滞、老年性痴呆、器质性脑疾病的某些阶段，都可导致患者产生危害社会的行为。（3）意识清晰、智能正常状态下进行违法犯罪活动的精神病患者。某些精神分裂症患者在意识清晰、智能正常的情况下，仍可能存在幻想、妄想，特别是言语指示性幻听和被害妄想，支配其作出严重危害的行为。躁狂症患者虽然意识清晰、智能正常，但因极度兴奋，难以自控，亦会作出伤害行为。

二、精神疾病人的类型与犯罪特征

容易导致违法犯罪的精神疾病主要有以下几类：

（一）精神分裂症（schizophrenia）

本症是一组病因未明的精神病，多起病于青壮年，常缓慢起病，具有思维、情感、行为等多方面障碍，以精神活动不协调或脱离现实为特征。通常意识清晰，智能尚好，可出现某些认知功能损害。病程迁延，部分患者可发展为精神活动的衰退。患病期自知力基本丧失，缓解期自知力不能完全恢复。

与一般犯罪人相比，精神分裂症患者所涉及的案件中以暴力、杀人和放火较多，而风俗、经济类案件较少。由于患者缺乏正常的、可理解的犯罪动机和目的，往往突然发生，多在光天化日下实施攻击行为，作案手段十分残忍。作案后，患者往往缺乏自我保护表现，也无悔过之心。由这类患者实施的杀人案件中，其被害人与普通案件相比，亲戚、朋友居多，以完全陌生的个体为杀人对象的较少。另外，在杀人案件中，自杀率也较高，这表明精神分裂症患者对生命的攻击性不但针对他人，也针对自己①。

1. 偏执型精神分裂症

偏执型精神分裂症是精神分裂症中最常见的一个亚型，以妄想为主要症状，常伴有幻觉、思维障碍、情感障碍等。发病年龄较其他亚型晚，多于中年发病。起病较慢，起初为敏感多疑，逐渐发展为妄想。妄想内容大多为关系、被害妄想，常有泛化趋势。可伴有幻觉，但整个病程中仍以妄想占多数。幻觉妄想大多离奇、脱离现实，影响其情感行为，可能发生各种严重的危害行为。

2. 青春型精神分裂症

青春型精神分裂症多在青春期急性或亚急性发病，表现为：思维松散或破裂；情感喜怒无常，变化莫测；姿态做作；行为幼稚、愚蠢，兴奋冲动；常伴有本能活动（食欲、性欲）亢进、意向倒错。男性患者易出现猥亵、强奸等违法行为；女性患者则容易被人强奸，但较少出现杀人等严重案例，在情绪激动时也会冲动伤人。

3. 紧张型精神分裂症

紧张型精神分裂症大多起病于青年或中年，起病较急，以精神运动性抑制障碍紧张性木僵和紧张性兴奋交替出现为主。兴奋

---

① ［日］稻田村博著，薛培珍译：《精神分裂症与犯罪》，载《上海精神医学》，1985年第3期。

时，患者行为冲动，不可理解；言语内容单调刻板；思维联系散漫，内容离奇；动作古怪、作态，持续数日或数周。木僵时，言语动作明显抑制，重者终日卧床、不语、不动、不食、不便，并出现蜡样屈曲、违拗等症状，持续数周或数月，甚至更长时间。患者在两种状态之间转化，容易破坏物品、伤害他人造成危害后果。

4. 单纯型精神分裂症

单纯型精神分裂症较少见，常于青少年时期发病，缓慢持续发展，早期常不被人注意。表现为：日益加重的孤僻、被动，活动减少，生活懒散；情感逐渐淡漠，对亲人也是如此；行为退缩，日益脱离现实生活；一般无幻觉和妄想。此类精神分裂症较少发生危害社会的行为，但是也有少数涉及偷窃、侮辱妇女、无动机杀人等。

(二) 偏执性精神障碍

偏执性精神障碍（paranoid mental disorders）又称为妄想障碍，是一种以系统妄想为突出临床表现的精神性障碍。本病病因不明，起病一般在 30 岁以后，发展缓慢，女性偏多，未婚者多见。病前人格多具有固执、主观、敏感、猜疑、好强等特征。妄想常有系统化的倾向，内容有一定现实性，并不荒谬，个别可伴有幻觉但历时短暂而不突出。

本病患者在犯罪过程中，其意志行为受妄想影响和支配，歪曲现实，失去正常的辨别能力，往往导致伤害、杀人、诬告等各种危害行为。例如，在被害妄想的支配下，患者会拒食、逃跑、控告或采取"自卫"而攻击伤人；嫉妒妄想者则毫无根据的猜测自己的伴侣对自己背叛，偶尔看到对方与异性在一起，就会坚信他们有不正当关系，因而对其盯梢追踪，或纠缠不休、打骂、限制自由、逼其承认，严重的甚至伤害、杀害对方；自罪妄想者坚信自己犯有不可饶恕的罪行，应受惩罚，常因此绝食、自杀等，也有的为避免家属受牵连，而发生先杀家人后自杀的"扩大性自杀"，有的甚至主动"自首"，编造犯罪事实，要求处罚；钟情妄想者往往对爱恋的异性进行性骚扰，甚至采取暴力强奸、行凶报复等行为；非血统妄想者则认为自己不是现在父母所生，本是名门之后，此类患者常因此对其父母进行虐待，或四处招摇撞骗，扰乱社会治安。偏执性精神障碍的妄想对象是固定的，采取报复行为之前，常做好各种充分的准备和周密的考虑，被害者往往缺乏防范意识，所以凶杀后果较为严重。

（三）急性短暂性精神病

急性短暂性精神病是指一组起病急骤，以精神病性症状为主的短暂精神障碍。例如，旅途性精神病，在发病前存在明显的综合性应激因素（如精神刺激、过度疲劳、过分拥挤、慢性缺氧、睡眠缺乏、营养水分缺乏等），在旅行途中急性起病。主要表现为意识障碍，片断妄想、幻觉，或行为紊乱。停止旅行与充分休息后，数小时至一周可自行缓解。

急性短暂性精神病在发作时，容易给周围的人造成危险或不良后果。例如，2002年1月6日凌晨，乘客张某、刘某在上海至成都的K283次列车上持两把菜刀、钢管等先后伤害13人，被公安机关拘捕。调查显示，犯罪嫌疑人无精神病史，性格内向，均为边远地区农民，文化程度较低，第一次出远门打工，在长途乘车中，列车过分拥挤又无座位，两人长时间（30多个小时）站立而过度疲劳，睡眠不足，途中又担心钱财被盗而处于高度警惕和紧张状态。在这种高度紧张、过度疲劳、过分拥挤、慢性缺氧、睡眠缺乏和饮食供应缺乏的状态下，嫌疑人突然出现了精神障碍，发病急、病程短，脱离相关环境后精神异常迅速缓解①。

（四）分裂情感性精神病

分裂情感性精神病指一组分裂症状与情感症状同时存在又同样突出，常有反复发作的精神病。分裂症状为妄想、幻觉，及思维障碍等阳性精神病症状，情感性症状为躁狂发作或抑郁发作症状。

分裂情感性精神病患者在躁狂症状出现时，往往眉飞色舞，内心充满喜悦和自信，思维敏捷，联想迅速，口若悬河，注意力转移快，精力旺盛，由于情感高涨导致自我控制减弱，出现行为轻率，生活奢侈，道德观念薄弱，性欲亢进，容易出现伤人、诈骗、偷窃、妨碍公共安全、性侵犯等行为。当抑郁症状出现时，患者情绪低落，思维迟钝，动作减少，终日愁眉苦脸，心事重重，消极悲观，甚至出现自杀行为。此类案件的比例较高，有时在罪恶和贫穷的妄想支配下导致自杀、杀人，而被害人往往是患者最亲近的人。

三、精神病人的早期识别

精神病患者在发作之前，会出现一些症状，了解这些症状，及时采取措施，会起到预防作用。精神病人在发作早期，会有下述 24 个特征：

（1）变得孤僻少语，不愿与别人接触。个性的变化，有 1～2 周时间。

（2）经常无目的地乱走，出现一些别人无法理解的行为，甚至不知羞耻。

---

① 纪术茂：《中国精神障碍者刑事责任能力评定案例集》，法律出版社，2011 年版，第 648～653 页。

（3）哭笑无常，或独自发笑，或装鬼脸怪相。

（4）毫无原因地大发脾气，什么都不顾忌。多次出现。

（5）无缘无故伤自己或伤别人，或毁坏东西。

（6）爱管闲事，整天忙碌不停，乱花钱，持续 2 周以上。

（7）兴奋多语，说个不停，吹嘘自己脑子特别聪明。持续一周以上。

（8）情绪低沉，常独自落泪，或厌世想死，或焦虑不安。经常出现，持续 2 周以上。

（9）动作变得非常缓慢，做什么都慢得很，甚至整天躺在床上，不动不语。

（10）生活工作能力明显下降或变得呆滞。

（11）话少，冷漠，对任何事都不关心，对家中亲人也毫无感情。

（12）胡言乱语，或自言自语，或说些别人听不懂的话。

（13）认为自己的脑子不受控制。

（14）多疑，没有根据地认为别人害他、控制他。

（15）极不现实地吹嘘自己才智过人、权重位高。持续 1 周以上。

（16）乱说别人追求他，或怀疑爱人有外遇。

（17）听到别人听不到的声音，或乱说有人议论他。

（18）看到或闻到不存在的东西、气味，尝到水里或饭里有怪味、毒药味等。

（19）变得衣着不整或穿戴怪异，不知饥饱，不知清洁，大小便也不避人。

（20）记忆力非常差，甚至记不住子女的年龄，常忘记东西，或出门后找不到回家的路。多见于 50 岁以上的人。

（21）脾气特别古怪，变得幼稚、自私，连亲人都不相信，或认为别人偷他的东西，或认为子女不给他东西吃等。多见于老年人。

（22）吃药成瘾、吸毒，或经常大量饮酒，不饮就受不了，停饮后有手抖、大汗、乱语、行为古怪等。

（23）有癫痫后出现精神异常，如说糊涂话、躁动不安、行为反常、呆痴、凶狠、任性等。

（24）自幼呆傻，不能上学，不会自理生活，或虽勉强读书，但又行为反常。

四、精神病危险人员的处置措施

（一）认真做好安全检查

安保人员在遇到精神病危险人员时，要严格执行安全检查制度，加强危险物品的管理。在保证自身安全的情况下，安保人员要做好对精神病危险人员的安全检查，严禁精神病危险人员将利器、玻璃器皿、石块、火柴、打火机、绳带等危险物品带入公共区域。

（二）以热情、温和、耐心的态度对待精神病人

精神病危险人员的自知力缺乏，缺乏适应环境的能力，在公共场所中会因陌生而起疑心，与一般人相比，更容易产生警惕、抵触、不安情绪。针对这种心理状态，安保人员应该秉承良好的工作态度。不要歧视、嘲笑患者，当对方发怒时，不要正面冲突，尽量采用温和的语气。

（三）严厉制止精神病危险人员的暴力行为

精神病危险人员在实施犯罪行为时，处于疯狂发作状态，手段十分暴力残忍，没有任何缓和的空间。在这种情况下，安保人

员必须采取一切措施加以制止，甚至不惜使用致命武力。

安保人员在没有任何防护的情况下，一定要谨慎从事，不可贸然接近。在必须接近时，一般要侧身面对，相距 3 米，在对方没有放下凶器前，不要因为对方是精神病人就掉以轻心，试图徒手控制对方身体，应保持高度的戒备，眼睛密切注视其双手，随时准备躲开对方致命的一击。催泪喷射器、强光手电、防刺手套等新型装备，在处置实施暴力行为的精神病高危患者时能发挥十分有效的作用。

（四）审时度势，灵活应对

精神病危险人员的发病症状各有不同，安保人员要根据他们的外在表现，灵活应对，确保工作场所安全。例如，安保人员在面对烦躁、激动状态的精神病人时，不应过分关心和询问，以免刺激对方情绪；对于情绪处于非常亢奋状态的精神病人，安保人员要保持警惕、冷静对待，并想办法转移其注意力。

（五）保护自身安全

安保人员在没有携带警械、武器的情况下，不要贸然接近精神病人，更不要使自己处于正面攻击的位置。

（六）合理要求尽量满足

安保人员在面对高度焦虑的精神病人时，可以尽量满足对方的合理要求，以缓和紧张气氛。例如，可以提供食物和水，或代为传达家人信息等。

（七）进行隔离

精神病人在实施暴力行为时，很容易引发他人围观。安保人员应该根据现场情况，劝退周围群众，并采用适当的隔离措施，以防止精神病人伤及无辜。

（八）寻求支援

安保人员在独自一人时，不要贸然接近精神病人，应主动联系队友，等待支援。同时，要和上级进行汇报，根据具体情况，联系精神病人的监护人、相关的援助机构、危机干预中心等，以获得专业人士的帮助。

【案例分析】

女乘客公交车内挥舞菜刀砍人

4月4日中午，周德利吃过午饭之后，驾驶着车牌号为皖B51×××的芜湖市7路公交车，和平时一样从芜湖市政务中心开往弋矶山。

13时17分许，当公交车快行驶到安徽工程大学东站时，左后方一名女乘客突然从包里拿出一把菜刀，向前排一位小伙砍去。女子动作迅速连砍三刀之后，小伙用手遮挡时又被砍了一刀。

"有人拿刀砍人了，师傅快停车。"监控显示，有乘客开始大声呼救，周德利赶紧停车并打开车门，被砍小伙捂着头往前跑，持刀女子拿着菜刀向车头走去。周德利脱下衣服作掩护，并手持衣服，不停地挥动，吸引该女子的注意力。车头部位空间有限，周德利无法施展，于是他跳下车。该女子紧跟着也下了车，还不断地挥舞菜刀，要去追受伤的小伙。周德利随后上车拿了一个拖把，想把对方的菜刀从手上打下，却并未成功。该女子又用刀割自己手腕，周德利悄悄从其身后一把将其抱住，另外一位路人趁势夺下了菜刀。随后，在警方和路人的合力之下，行凶的女子被控制。

小伙头部和手部被砍伤，送医后已经没有了危险。警方进一步调查发现，该女子姓吴，安庆市枞阳县人，1963年出生，有偏执性精神病史。

思考题：

周师傅在处置偏执性精神病人时，采取了哪些措施？

第四节　性变态者的识别与处置

【引例】

2009 年 10 月初到 11 月下旬，长沙多家酒店和招待所连续发生上吊案件。其中，至少 6 起有共同发案特征：死者均为外地男子；死者均未留下遗书，存在他杀嫌疑。事件的发展印证了警方的猜测，这一系列连环案件并不是简单的自杀，背后还存在骇人听闻的秘闻。更令他们没有想到的是，这一系列案件均与一名周姓男子有关，他的面容姣好，举止温柔，行为举止与淑女无异。然而，就是他，通过邀约男性同玩性虐恋的游戏，诱导受害人通过上吊自杀追求窒息性快感，而他则在旁边观看，然后悄然离去。2011 年被告人周×平因犯故意杀人罪，判处死刑，剥夺政治权利终身。

问题：

性变态危险人员的识别特征有哪些？该如何应对？

一、性变态的概念

性变态又称为性心理障碍，是有异常性行为的性心理障碍。其特征是：有变换自身性别的强烈欲望（性身份障碍）；采用与常人不同的异常性行为满足欲望（性偏好障碍）；不会引起常人性兴奋的人或物，对这些人有强烈的性兴奋作用（性指向障碍）。除此之外，与之无关的精神活动均无明显障碍。不包括单纯性欲减退、性欲亢进及性生理功能障碍。

二、性变态的犯罪行为特征

性变态者的违法犯罪与一般的性犯罪存在明显差异。由于变态心理的驱使，其犯罪行为往往表现出以下特点①：

1. 动机荒谬

性心理障碍者的犯罪行为往往缺乏相称的犯罪动机。例如，恋物癖者偷窃女性内衣，不是为了变卖，而是为了欣赏或自己穿着以获得性快感。

2. 目的异常

采用离开正常人常规范围的怪异方式或手段，并不是为了达到性交的目的，而是基于一种意向性的满足。

3. 冲动性强

性心理障碍者一般都具有性的异常冲动性，较难控制，一有机遇，极易再犯。

4. 行为模式固定

性心理障碍者的异常行为有一定的行为模式，如奸尸、同性恋、鸡奸幼童等。他们往往以一种固定的行为方式发泄性欲，而且反复使用。

5. 侵害对象一般指向陌生人

性心理障碍者的侵害对象可以指向任何异性（同性恋、乱伦除外），如露阴癖、窥阴癖、秽语症等，很少指向自己的熟人、朋友或亲戚。

6. 性格异常

性心理障碍者往往性格内向、安静少动、沉默寡言、不善交

① 罗大华、何为民：《犯罪心理学》，浙江教育出版社，2002 年版，第 437～438 页。

际，其行为具有隐蔽性和不可预知性。

7. 缺乏罪恶感

性心理障碍者对自己的怪癖行为毫不感到羞耻，伤害了性伙伴也不觉后悔。（庞兴华，1993）

三、性心理障碍类型与犯罪行为特征

性心理障碍主要分为三类：第一，性身份障碍，以持续和强烈地因自己是女性（或男性）而感到痛苦，渴望自己是男性（或女性），或坚持自己是男性（或女性）为主要表现；第二，性偏好障碍，主要有恋物癖、异装癖、露阴癖、窥阴癖、摩擦癖、性施虐与性受虐癖、恋童癖及混合型性偏好障碍；第三，性指向障碍，包括同性恋、双性恋。

就性障碍本身的心理倾向不一定导致犯罪，但某些类型的性变态与违法犯罪关系极为密切，主要有以下几类：

（一）同性恋（homosexuality）

同性恋是指以同性个体为性爱和性欲满足对象的一种性心理障碍。同性恋者对待同性伴侣之间，如同正常伴侣，渴望建立家庭，但男同性恋更注重性乐的追求，关系较不固定，有时随遇随散。而女同性恋则更为隐蔽，感情比较专一，同性恋关系多能长期维持，如果"伴侣"与异性结婚而中断同性恋关系，就会引起极大的悲伤与痛苦，也会因此而发生攻击伤害行为。因同性恋失恋而发生"情杀"的以女性居多，也有的会杀害对方后自杀殉情。同性恋者实施的犯罪行为较常见的有：对未成年人实施猥亵、鸡奸、拐骗，在"失恋"状态下的杀人、伤害行为，传播性病罪。

（二）恋童癖（pedophilia）

恋童癖又称为恋童色情狂，多见于年龄较大的男性，是一种

对尚未达到性成熟的同性或异性儿童产生性幻想及性活动，以达到性满足为唯一方式的性心理变态。其表现特点为：存在对性对象选择异常的性心理基础，其平均年龄一般在 35 岁左右，其通常通过猥亵和奸淫儿童获得性欲的满足，常涉及奸淫幼女、鸡奸幼童、强迫儿童口淫等流氓犯罪行为；恋童癖者通常都是已婚者，但是在婚姻和性关系方面一般存在某些问题，无法获得和谐和满足；恋童癖者一般不摸弄陌生孩子，而多是亲戚或熟人的孩子，指向近亲儿童，则为乱伦。

造成恋童癖的可能因素很多，其中比较明显的主要是性生理、性心理发育不成熟以及性功能障碍等原因。此外，嗜酒和居住条件过分拥挤也可能成为诱发的相关因素。除了恋童癖外，他们几乎没有其他任何严重或明显的行为或情绪问题。通常，他们具有如下特征：（1）强迫性人格，胆小，害羞，内向，依附性较重；（2）缺乏自信，拘泥于小节，沉默寡言；（3）不善于交际；（4）年龄层以 36 ~ 40 岁居多；（5）以男性居多；（6）大多脑部功能有缺陷，智力机能低下；（7）适应不良，退学率高，工作缺乏稳定。许多恋童癖者初中没毕业，不能从事技术类的工作，往往来自社会底层。此类性障碍者严重危害儿童身心健康，对社会危害极大。

（三）恋物癖（fetishism）

恋物癖是指在强烈的性欲望与性兴奋的驱使下，反复收集异性使用的物品，几乎仅见于男性。所恋物品均为直接与异性身体接触的东西，如乳罩、内裤等，抚摸、嗅闻这类物品伴以手淫，或在性交时由自己或要求性对象持此物品，可获得性满足。其特点为：

第一，恋物癖者把某种物体作为性爱对象的替代物或象征物，他们只能在所恋物体的帮助或存在的情况下才能获得性满足；

第二，恋物癖者一般在儿童或青少年时期就已显示出明显的恋物迹象；

第三，恋物癖者中多有神经衰弱的表现，一般难以对自己的性欲进行控制，而且存在若干幼稚性幻想，常无端想入非非，自寻苦恼；

第四，恋物癖者为了收集获得所恋之物，经常涉及偷窃及流氓等犯罪行为。有的恋物癖者偷窃女性内衣达数百上千件。恋人体部分癖者也易于导致犯罪行为，如偷剪发辫等。

（四）露阴癖（exhibitionism）

露阴癖是指反复在陌生异性面前暴露自己的生殖器，以满足引起性兴奋的强烈欲望，几乎仅见于男性。露阴癖者常在公共场所或僻静处向毫无思想准备的陌生异性突然显露自己的生殖器或同时伴有手淫行为，有的还在暴露时口出秽语，一般对受害者没有进一步的侮辱和其他侵害行为。他们从受害者的惊恐、害怕、厌恶等紧张情绪反应中获得性快感和性欲的满足。通常受害者的反应越强烈，他们越兴奋。事后或被抓获后，他们往往后悔万分，但之后又有冲动时又难以控制。对于露阴癖发生的原因，存在多种观点：患者多来自以传统性压抑、禁欲主义观点为特征的家庭；露阴是原始行为的释放；患者多羞怯、懦弱且部分存在性功能障碍等。该癖好一旦形成难以矫治。

（五）窥阴癖（voyeurism）

窥阴癖指反复窥视异性下身、裸体，或他人性活动，以满足引起性兴奋的强烈欲望，可当场手淫或事后回忆窥视景象并手淫，以获得性满足。几乎仅见于男性。观看淫秽音像制品，并获得性满足者不属于该症。该症患者为了获得窥视机会，常常不择手段，无视法律。其常见的行为模式是：隐藏在公共厕所直接或间接地窥视女性阴部；有的则窥视女性洗澡；或通过门窗窥视年轻夫妇的性生活。这类人窥视的冲动非常强烈，并伴有强烈的紧张感，通过异常的窥视行为后紧张感消失并获得性满足，但并不寻求与女性有身体接触。这类患者一般较内向，平时多与人保持良好的人际关系，社会适应良好；有的人还一贯品行端正，工作和生活作风良好，所以，对其异常性行为，周围的人都感到震惊和不可思议。

（六）摩擦癖（frotteurism）

摩擦癖多见于男性，在拥挤场合或趁对方不备之际，伺机以身体某一部分（常为阴茎）摩擦和触摸女性身体的某一部分，以达到性兴奋的目的。他们多在公共汽车内、地下铁道、车站和影剧院等场所与异性进行躯体接触和摩擦，但通常没有与所摩擦对象性交的要求，也没有暴露自己生殖器的愿望。

（七）性施虐狂（sexual sadism）和性受虐狂（sexual masochism）

这是一种比较严重的性变态，以向性爱对象施加虐待或接受对方虐待作为性兴奋的主要手段。这类性变态的特点为具有残忍的性欲，在对性对象施以虐待、折磨、残害，使性对象肉体和精神遭受严重痛苦和羞辱的情况下，以给性伙伴造成极大痛苦中获得最大性满足。通常性施虐的伤害只是为了获得性兴奋和快感，其不是为了真的伤害对方，其暴力行为也只有在从事性活动时才出现，但施虐者变态心理发展到极端时可以成为"色情杀人狂"，他们为了性快感得到最大满足可以惨无人道地杀害对方。

四、针对性变态者的处置措施

（一）加强巡逻，提前预防

对于事件的多发地段，安保人员要加强巡逻。首先，要加强对人烟稀少的偏僻地方的夜间巡逻，以威慑犯罪分子。其次，在人群拥挤的地段，安保人员则是要经常进行地点巡逻，以警示摩擦癖和偷窥癖的性变态患者。

（二）提高识别能力，及时救助受害者

性变态犯罪者在犯罪频率和类型上存在很大不同，取决于他们的年龄、背景、人格特征、种族、宗教、信仰等。有的性变态者会有酗酒和药物依赖的历史，或在公共场合会显得很内向、拘谨、腼腆、害羞，或只对异性的部分身体特征感兴趣（如恋物癖和窥阴癖等）。安保人员在对其进行人身危险性识别时，要不断提高自身的知识水平，根据其行为特点，区别对待。

在性暴力尤其是强奸犯罪中，75%都与受害人是熟人，包括现任丈夫、前夫、男友、前男友、亲戚、朋友、邻居或其他熟人等。因此，在识别过程中，安保人员要注意以"约会"为名的公寓内强奸犯罪情况，不要被对方的言辞所诱导，而是要关注受害人发出的求救信息，及时制止犯罪，帮助受害人。安保人员如果发现性暴力犯罪的发生地点在户外，特别是在罪犯的私家车里，尤其要提高警惕，注重自身安全，不要贸然采取行动，要充分重视受害人的求救信号，记住车牌号码，并呼叫队友支援。

（三）保持冷静，灵活应对

研究显示，除了移置愤怒型和攻击型性犯罪外，许多性犯罪者的外在行为并不倾向暴力或残忍①。例如，露阴癖暴露者和摩擦癖患者，尽管在公共场所，他们的行为具有一定程度的越轨性，会引发周围人群的反感和惊慌，但是不会对被害者的身体造成伤害，不会涉及太严重的反社会行为。因此，犯有此类罪行的

---

① ［美］Curt R. Bartol、Anne M. Bartol 著，杨波、李林等译：《犯罪心理学》，中国轻工业出版社，2009年版，第296页。

人很少会被送进监狱。针对此种类型的性变态患者，安保人员要保持镇静，不采用极端措施，及时防止他人围观，注意总结他们出现的时间和环境规律，提前进行预测，并报告相应部门进行侦查和抓捕。对于入室或在公共场所盗窃的恋物癖患者，安保人员也要提高识别能力，不能等同于一般的盗窃案件，要及时搜集证据，并报告上级主管机关。

【思考题】

1. 什么是变态心理？变态心理的判断标准是什么？

2. 人格障碍犯罪的基本特征有哪些？如何进行识别和处置？

3. 精神病违法犯罪的特点有哪些？如何进行识别和处置？

4. 试制定一个处置具有人格障碍危险人的预案。

5. 案例分析

（1）李某，女，36 岁，已婚，中专文化，技术员，6 岁时父母离异，随母改嫁。其母性格多疑，常为小事与继父争吵。李某上小学后，开始出现疑心重、不合群的倾向。初中时，这种多疑敏感特征更加明显，常常产生偏执想法，向老师告状"某同学说自己坏话""某同学联合别人孤立自己"等。老师经调查发现并非如此，老师的解释不能使其解除怀疑，她反而更加恨恨不已，认为老师有意偏袒。学习上很用功，成绩亦较好，自称一定要超过同学，比谁都强。参加工作之初，表面上对同事热情，主动接近领导。但不久之后，她就疑心同事及领导看不起自己，对分配的工作非常挑剔，总认为别人占了自己的便宜，常常为一点小事与同事争辩不休，耿耿于怀。因此，其与同事的关系日益紧张。常认为别人小声交谈则是在议论自己，大声说笑则是对自己的嘲弄。为此，她曾数次向领导哭诉，要求调动工作，没有得到领导的批准。从此，开始记恨领导，认为领导故意习难自己。结婚后，其对丈夫管得很严，不许在外逗留，不许与别的女人接触。一次，她偶然发现丈夫与一女同事走在一起，回家后反复进行盘问"你们是什么关系，都说了些什么"。此后，她常对丈夫进行跟踪并干涉丈夫的一切活动，使丈夫异常烦恼。他们居住在大杂院里。邻居洗衣服时水淌到她家门前，则认为是邻居故意为之，开收音机则是故意吵自己。为此常指桑骂槐，继而发展成对骂，后终于发展成武斗。结果，该女子被送进了医院。

问题：

上述案例中，李某的心理特点有哪些，分别属于何种心理障碍，该如何进行识别？

（2）某年某月，一名社区诊所的前外科医生徐某，在福建省某实验小学门前挥刀残杀了8名年幼的学生，另有5名学生身受重伤。据当地警界人士透露，犯罪嫌疑人犯下如此滔天罪行的动机竟是因为自己长期以来事业、感情上的失败而滋生出畸形报复心理。其交代称杀害小学生是为了要一举成名，要让社会知道他的存在，让社会仇恨他。警方相关人士还透露，疑凶不是精神病患者，也没有精神病史。"他性格比较偏执、偏激、孤僻，几乎没有朋友，而且脾气比较暴躁，与年迈的老母亲也经常发生吵架。"

问题：

徐某属于何种人格障碍？该如何进行识别？

（3）2000年9月14日22时许，李某携带电子干粉枪，窜至×国际机场，由候机楼工地翻越围界进入飞行控制区3号工作坪，企图趁×航空公司2611号飞机上客之机混上飞机，被安全监护人员发现。盘查中，李某拔出电子干粉枪威胁监护人员，又窜至9号客机坪，沿机务工作梯登上正在做航后维护的2301号飞机。当两名监护人员追至飞机舱口时被李某用枪逼下飞机。李某将机务人员赶下飞机，声称要劫机去台湾。其随后被民警制伏，并缴获电子干粉枪两支及电子干粉弹两枚，现场提取已发射弹壳一枚，同时李某被刑事拘留。据李某供述，其实施劫机的原因是"先到台湾，再到泰国、美国"，为的是"拿诺贝尔奖文学奖，带有政治性"。而且，1997 年和 1998 年他曾经闯 × 国使馆（属实），"因为闯使馆失败了，就想到了劫机"。李某一再说，就是为了"得诺贝尔奖"，"劫机和闯大使馆一样，反正都带有政治性和轰动性"，又说"被人给点的窍，意在统一全球而来"。李某的母系近亲属中有 6 人精神不正常，而李某本人自幼脾气古怪，至今仍孤身未娶。经司法精神病鉴定中心鉴定为偏执型精神分裂症，分裂型人格障碍（病前），无责任能力[1]。

提问：诊断李某为偏执型精神分裂症的依据是什么？

【参考文献】

1. 中华医学会精神科分会：《CCMD - 3 中国精神障碍分类与诊断标准》（第三版），山东科学技术出版社，2002 年版。

2. 李心天、岳文浩：《医学心理学》，人民军医出版社，2009 年版。

3. 郭念锋：《心理咨询师（基础知识)》，民族出版社，2005 年版。

4. 刘邦惠：《犯罪心理学》，科学出版社，2009 年版。

5. 罗大华：《犯罪心理学》，中国政法大学出版社，2007 年版。

---

[1] 纪术茂：《中国精神障碍者刑事责任能力评定案例集》，法律出版社，2011 年版，第 233～239 页。

6. 罗大华、何为民：《犯罪心理学》，浙江教育出版社，2002年版。

7. 陈和华：《论反社会人格与犯罪》，《犯罪研究》，2005年第1期。

8. 李玫瑾：《犯罪心理学研究——在犯罪防控中的作用》，中国人民公安大学出版社，2010年版。

9. （日）稻田村博著，薛培珍译：《精神分裂症与犯罪》，载《上海精神医学》，1985年第3期。

10. Gottesman, I. I. Schizophrenia Genesis：The Origin of Madness. New York：Freeman. （1991）.

11. 纪术茂：《中国精神障碍者刑事责任能力评定案例集》，法律出版社，2011年版。

12. 翟书涛：《颞叶癫痫与性行为障碍（文献综述)》，载《国外医学——精神病学分册》，1980年第1期。

13. 林崇德、杨志良、黄希庭：《心理学大辞典》，上海教育出版社，2003年版。

第六章　暴力型危险可疑人的识别与处置

　　20 世纪，人类文明的步伐不断前行，人们受到最好的医疗和教育，但是也成为最嗜好残杀的时代之一。随着社会的变迁、价值的多元化，各种各样的冲突不断涌现。攻击行为甚至是暴力犯罪——依然被当作解决问题的最有效方式。在当今世界各国，暴力犯罪的数量不仅没有下降，反而都呈上升趋势。暴力犯罪的发生不仅给人民群众的生命、财产造成了极大的现实威胁，更重要的是降低了人们的生存安全感，导致整个社会形成不稳定性的心理隐患。在本章中，我们将要完成以下目标。

【学习目标】

　　1. 掌握对抢劫人员的识别与处置；

　　2. 掌握对凶杀人员的识别与处置；

　　3. 掌握对恐怖分子的识别与处置；

　　4. 掌握对骚乱群体的识别与处置。

第一节 抢劫抢夺人员的识别与处置

【引例】

李某，男，年龄20岁，从小父母离异，一直处于脱管状态。上初中后，开始偷邻居家的钱。初三被学校开除后，便开始上网玩游戏，在网吧结交朋友，认为自己重义气，常和朋友在一起吃吃喝喝不回家，住网吧、宾馆，跟爸爸要钱爸爸不给，于是和同伙一起，在路上看到别人不顺眼就找乐子把对方打一顿，被害人逃走后，把被害人遗留在现场的手机卖掉后分赃。然后，在成年同伙的带领下开始进行团伙抢劫，持刀或用可乐瓶打人、抢钱。猖狂作案几个月后被抓，判刑3年。

问题：

如何识别和预防抢劫犯罪分子？

一、抢劫定义

抢劫犯罪，以非法占有为目的，以暴力、胁迫或其他令被害人不能抗拒的方法，当场强行劫取公私财物的行为。

根据《刑法》第263条规定，以暴力、胁迫或者其他方法抢劫公私财物的，处三年以上十年以下有期徒刑，并处罚金。有下列情形之一的，处十年以上有期徒刑、无期徒刑或者死刑，并处罚金或者没收财产：（1）入户抢劫的；（2）在公共交通工具上抢劫的；（3）抢劫银行或者其他金融机构的；（4）多次抢劫或者抢劫数额巨大的；（5）抢劫致人重伤、死亡的；（6）冒充军警人员抢劫的；（7）持枪抢劫的；（8）抢劫军用物资或者抢险、救灾、救济物资的。

二、对抢劫犯的识别

以抢劫作为谋生手段的犯罪人，在实施抢劫的过程中，会经过计划、密谋和实施等阶段，具体包括召集成员、物色受害人、踩点、计划线路和手段、准备（包括作案工具、交通工具）、行动、逃跑、躲藏、分赃和解散等。一般可分为作案前、作案中和作案后三个阶段[1]。

（一）作案前可疑人的特征识别

1. 时间和地点

抢劫作案的时间多为深夜，可疑人一般会选择人烟稀少、光线昏暗的偏僻地段实施抢劫，如偏僻街巷，孤立院落，交通便利，人员复杂、秩序混乱的场所等。具体包括城乡接合部、树木茂密的路旁、酒吧门前、街头绿地、地下停车场等。

2. 成员

团伙作案的成员大多是松散型，随意性大，大多临时组合，成员的年龄结构偏低，一般由 3～5 人组成。犯罪团伙的成员结构会比较固定，年龄结构偏大，会有 30～40 岁的成年人作为骨干。

3. 作案手段

抢劫作案的手段，一般以诱惑、欺骗、胁迫等暴力手段侵害对方的财产。有的以在停车场搭便车的方式实施抢劫；有的可疑人专门在早晨的开店时间，针对手机店面、金银首饰店实施抢劫；有的在银行门前徘徊，跟踪取钱顾客至偏静处实施抢劫；有的通过遥控汽车自动开锁装置，实施抢劫；有的以女色、美色加

---

① 蔡宏光、庄禄虔主编：《辨识可疑人 28 法 166 招》，北京：中国人民公安大学出版社，2010 年版，第 25 页。

以引诱，继而与行人开房、去其住处，然后其同伙及时闯入，以捉奸等借口实施抢劫。

4. 携带的作案工具

可疑人所携带的作案工具包括匕首、刀具、棍棒、锤子、螺丝刀、钳子、枪械、砖石、麻醉药物、炸药等。有时，为了不被他人发觉，可疑人会在小腿部、腰部或深色的背包或旅行包内藏匿作案工具，以躲避安检。

5. 作案对象

拦路抢劫犯罪的作案对象成分复杂。有的是娱乐、服务场所的女性服务员或街头的情侣，有的是在路上单独行走的女性行人，有的是在银行门前取钱的顾客，有的是开小轿车的车主。

6. 衣着特征

抢劫犯罪可疑人的衣服着装比较随意，不讲究细节，他们往往会选择深色的服装和便于行走的鞋。但是，在实施抢劫前，他们行走的速度比较慢。

7. 体态特征

抢劫犯罪可疑人作案前，在站立或行走时，一般会采用冻结的防御姿势，他们习惯将双手或单手插在衣、裤兜内，有的会双手抱臂站立，有的则单手放在皮包里，有的单手搭在衣服里。

8. 眼神特征

抢劫犯罪可疑人的眼神，有的比较凶狠，有的则左右扫视、飘忽不定。他们的目光会寻找、尾随挎包的单身女子、年老体弱之人、腋下夹包的男士或其他疏于防范的行人。

（二）作案中可疑人的识别

1. 外在行为方式

可疑人一般会对受害人采用尾随跟踪的方式，至偏僻地段实施抢劫，趁行人不备，由一人从后、从旁或从前强行扯走被害人的耳环、项链、手机或手提包后逃跑，在逃跑过程中，另一人则负责掩护，故意从旁阻挡行人追赶。抢夺对象主要是在大街上的女性。在这一过程中，他们的行迹会非常可疑，脚步时快时慢，偶尔会有躲藏的行为。有的可疑人会藏在暗处，突然冲出，袭击被害人。有的可疑人会利用小型面包车做交通工具，在大街上强行拽单独行走的女子上车，实施抢劫。

2. 和被害人进行直接接触

在实施抢劫时，可疑人一般会采用诱骗、身体胁迫、语言控制等方式直接接触被害人的身体部分，让路人以为他们彼此之间关系很密切，将被害人骗至城乡接合部的公路或其他僻静处，实施抢劫。有的可疑人会在宾馆、招待所、车站的候车室、歌舞厅、火车站等地，以攀老乡、交朋友、谈生意、介绍工作为名，迎合被害人的需求，取得被害人的信任，将混有麻醉药品的食物、饮料、酒水，引诱被害人服用，待其失去知觉后，实施抢劫。

3. 直接利用工具

有的抢劫犯罪可疑人，会直接持武器、器械威逼被害人或将被害人捆绑实施抢劫；有的可疑人会手持"防狼喷雾剂"，直接向被害人喷辛辣刺激性气味的液体，使对方睁不开眼睛，然后，实施抢劫；有的则以骗门、直接闯入或趁人开门之机强行入室等方式，直接利用作案工具进行抢劫；有的盗贼在入室盗窃过程中被事主发现后，见偷盗不成，翻脸直接强抢财物。

（三）作案后可疑人的识别

1. 身体动作

在作案后，抢劫犯罪的可疑人会携带赃物，利用身边的交通工具，迅速逃离现场。尤其是初次犯罪的可疑人，他们在逃离过程中，情绪会异常紧张和兴奋，手舞足蹈，与周围的环境不协调。

2. 躲避行为

可疑人在逃跑的过程中，遇到警务人员及安保人员，会本能地采取躲避行为，神色慌张，眼神转向一边或直盯前方，或走到马路的对面，以逃避安保人员的视线。

3. 衣着特征

有的可疑人在实施抢劫后，面容会比较疲惫，头发散乱，身上会有伤痕、血迹，衣服上有划破的痕迹。

4. 分赃

在作案后，可疑人会马上转移住处，在偏僻的地点进行分赃。同时，将装财物的包裹、外包装等抛弃在现场附近或逃窜的路边。

三、抢夺的定义

抢夺，是以非法占有为目的，使用暴力、胁迫等强制方法，公然夺取公私财物的行为。

根据《刑法》第 267 条第 1 款规定，抢夺公私财物，数额较大的或者多次抢夺的，处三年以下有期徒刑、拘役或者管制，并处或者单处罚金；数额巨大或者有其他严重情节的，处三年以上十年以下有期徒刑，并处罚金；数额特别巨大或者有其他特别严重情节的，处十年以上有期徒刑或者无期徒刑，并处罚金或者没收财产。

抢夺的手段有很多，包括：（1）尾随抢夺。劫匪两人以上在行人中瞄准目标，趁行人不备，强行扯走耳环、项链、手机或手提包逃跑。抢夺的对象主要是单独在大街上的女性。（2）"飞车"

抢夺。指两名或三名犯罪分子驾驶两轮摩托车，趁人不备，对行走在人行道外侧或车行道的行人实施抢夺，或由一人下车抢夺后，由同伙驾车接应逃离。对象主要是女性，偶尔也会针对男性，抢夺的物品主要是手提包、挎包、手机等随身物品。（3）敲车门抢夺。劫匪见临时停靠的车辆，便上前敲车窗，趁车主开窗，一把抢走车上财物，或由一人上前问事吸引注意力，另一人则在另一侧拉开车门抢夺车内财物。

四、对"飞车"抢夺犯罪嫌疑人的识别

"飞车"抢夺的整个过程与抢劫类似，包括召集成员、物色受害人、踩点、计划、准备工具和作案方式、守候、实施抢劫、逃跑、躲藏、分赃、解散和藏车等各个环节。

（一）作案前可疑人的特征识别

1. 作案前的踩点

可疑人会三五成群，在路口、红绿灯处、立交桥下等交通拥堵的路段，窥视过往的机动车辆，四处张望，寻找作案目标。或由两名年轻的男性犯罪嫌疑人，合骑一辆两轮摩托车，在银行门口、歌舞厅周围、卖金银珠宝的商店、商场、ATM 取款机、金融机构网点、24 小时便利店、加油站、路边小店等路段上，往返慢行，或停车未熄火，寻找作案目标。

2. 作案的工具

"飞车"抢夺人员驾驶的车辆，多为两轮摩托车，或小型面包车，前、后车牌多有遮盖、遮掩、污损的痕迹，车牌倒置或模糊不清。作案车辆的后备箱一般会有替换的衣物。

3. 行迹可疑

"飞车"抢夺人员会在路口或路边打哑语手势，会聚集在自

行车被异物缠住的骑车人周围，会尾随单独骑自行车的女性。

（二）作案过程中可疑人的特征识别

1. 作案时间

"飞车"抢夺犯罪嫌疑人，一般会出现在傍晚和夜间，此外，在清晨和白天也会有一定的比例。

2. 作案地点

"飞车"抢夺犯罪的作案地点，多选择在人车混杂、杂乱无章或"三不管"的城乡接合部，或路边公共汽车的停车点，或是团伙成员暂住地的周围区域。

3. 作案路段

"飞车"抢夺犯罪的作案路段，具有便于逃逸的特点。或是与主干道相邻的支路，或是无机动车道隔离栏的道路或路口。

4. 结伙方式

"飞车"抢夺犯罪成员的结构为松散型，多以同乡或家族亲戚为纽带纠集在一起，有的则是由过去的工友、劳改释放人员或狱友结合在一起。

5. 侵犯的目标

受害人夜晚多为独自行走的单身女性，白天为年龄较大的离退休人员，特别是带金项链或其他珠宝的中老年妇女。

6. 外在特征

有的驾驶摩托车的犯罪嫌疑人戴封闭型头盔，负责物色目标，由后座位的犯罪嫌疑人实施抢劫。

7. 抢劫方式

当发现目标后，驾驶摩托车者会突然加速，由坐在车后面的人动手抢劫，或是坐在后座的犯罪嫌疑人下车，接近目标，伺机作案，作案后，立即上车，快速逃离。在此类实施作案的车辆中，多为燃气助动车，在郊区行驶不受限制，容易逃避检查。

（三）作案后可疑人的特征识别

1. 逃逸行为

作案后，抢夺犯罪嫌疑人一般会驾驶事先隐匿的机动车，快速逃离犯罪现场再逃离。

2. 分赃

抢夺犯罪嫌疑人，会选在楼房的墙角、草丛、树林或建筑工地的空房内分赃，丢弃装财物的外包装物品。

3. 逃逸地点

抢夺犯罪嫌疑人在抢夺后，有的返回居住地，有的返回原籍，有的则躲避在亲戚、朋友、老乡的住处，有的则混迹在网吧、歌厅等娱乐场所或工友的建筑工地。

五、现场处置措施

（一）收集犯罪嫌疑人信息

安保人员在接到目击人的报警电话时，要首先获得被害人的姓名和地址，告诉报案人半分钟后再放下电话，以进行准确定位，同时尽可能地获得犯罪嫌疑人的信息，包括外貌特征和穿着打扮等。在接电话时，安保人员还要鉴别对方是否报假案，对报案者的语调、内容和语气进行鉴别。

（二）追缉堵截犯罪嫌疑人

在处置抢劫现场时，安保人员要先选择安全地点，注意犯罪嫌疑人可能的逃跑路线和被遗弃的车辆，瞬间识别现场的可疑人和其他持凶器的帮凶，同时把相关信息及时通知周围的巡逻组。如果犯罪嫌疑人尚未逃脱，安保人员不能贸然行事，要及时建立封锁线，进行现场隔离，同时避免犯罪嫌疑人利用人质。在适当情况下，对犯罪嫌疑人进行抓捕并扭送至就近派出所。

（三）抢救现场受伤人员

当抢劫现场有人受伤或有生命危险时，安保人员要立即进行救护，同时拨打120。在实施抢救的同时，安保人员还要了解犯罪嫌疑人的基本情况和作案经过，包括被抢物品的种类、特征、数量和标记等。

（四）做好现场保护

对于室内的抢劫和抢夺，安保人员要封锁进出口，并控制现场周围地带。

对于拦路抢劫现场，安保人员要根据周围的环境、地形、地貌、人员流动状况、现场遗留物以及犯罪嫌疑人的来往路线等，划定现场保护区域，布置警戒线，限制无关人员和车辆进入。

安保人员要注意保护现场的所有遗留证据，不得任意翻动和进行人为破坏。包括现场遗留的刀棍、砖石、纽扣、手帕、帽子、手套、纸片以及各种蒙堵物等，还包括现场的搏斗痕迹、血迹、毛发等物证。

第二节　故意杀人犯的识别与处置

【引例】

2014年某月某日，某私立大学大二学生郑某特地背了一个黑色的侧背包，将两把刀子放在里面，躲过安保人员，顺利进入台北捷运站血洗车厢，造成28人死伤（包括自行就医3人），分别为轻伤9人（均已出院）、中伤7人、重伤8人，以及死亡4人，好多家庭就此破碎。郑某向警方供称，从小就觉得活得很累，很空虚和孤独，从五六年级开始就想自杀却没勇气，因此立下"要轰轰烈烈杀一群人"的志愿。据了解，郑某长大选择当"军费生"，为了杀更多人还拼命跑步让体力变好，结果成绩不佳遭退学。校方指出，郑某在校期间表现正常，没有被记过记录。高中班导师谈到对他的印象，认为他的表现和一般同学没两样，也爱搞笑，还因为篮球打得好、周记写得不错，获得 6 次嘉奖。

警方调查，2014 年年初郑某开始酝酿利用地铁杀人，多次反复模拟犯案过程，寻找距离最长、可以杀最多人的车站下手。郑某在侦讯时却一脸镇静，强调自己绝对没有喝酒，也没有精神疾病，其犯案动机与过程在他的形容下，杀人好像捏死一只蚂蚁、踩死一只蟑螂一样。

郑某行凶被捕后，许多昔日同窗都感到十分意外，直说郑某平常十分搞笑，人缘其实还不差，除了迷恋恐怖小说、喜欢谈些杀人的怪论外，其实和一般的大学生差不多。不过也有高中同学指出，郑某曾经在学校宰杀乌龟，并将尸体放在教室内吓女生。

——节选自百度百科"台北 5·21 地铁杀人案"

思考题：

如何识别凶杀者？

一、故意杀人罪的定义和类型

故意杀人，是指故意非法剥夺他人生命的行为，是一种最严重的侵犯公民人身权利的犯罪，是中国《刑法》中少数性质最恶劣的犯罪行为之一。故意杀人罪在客观方面表现为非法剥夺他人生命的行为。因此，不管被害人是否实际被杀，不管杀人行为处于故意犯罪的预备、未遂、中止等哪个阶段，都构成犯罪，应当立案追究。

　　故意杀人罪的类型有很多种，其中，情节严重的有四种，包括：（1）出于图财、奸淫、对正义行为进行报复、毁灭罪证、嫁祸他人、暴力干涉婚姻自由等卑劣动机而杀人；（2）利用烈火焚烧、长期冻饿、逐渐肢解等极端残酷的手段杀人；（3）杀害特定对象，如与之朝夕相处的亲人，著名的政治家、军事家、知名人士等，造成社会强烈震动、影响恶劣的杀人；（4）产生诸如多人死亡，导致被害人亲人精神失常等严重后果的杀人等。情节较轻的有六种，包括：（1）防卫过当的故意杀人；（2）义愤杀人，即被害人恶贯满盈，其行为已达到让人难以忍受的程度而其私自处死，一般是父母对于不义的儿子实施这种行为；（3）激情杀人，即本无任何杀人之意，但在被害人的刺激、挑逗下失去理智，失控而将他人杀死；（4）受嘱托杀人，即基于被害人的请求、自愿而帮助其自杀；（5）帮助他人自杀的杀人；（6）生母溺婴，即出于无力抚养、顾及脸面等的主观动机将亲生婴儿杀死。

　　杀人犯罪是人类社会所特有的一种文化现象，同偷盗、抢劫、强奸犯罪一样作为自然犯罪，贯串在历史上各个时代，具有共同性。杀人犯罪也随着社会文化内容的改变而改变。最早，杀人行为的形成是为了获得食物，争取资源，解决饥饿问题。随后，则演变成为获取财物而杀人。到了现代社会，杀人犯罪则呈现出个性化的特征，表现为为了摆脱虚无感和孤独感，追求无代价的自我实现和生活，寻求扭曲的快乐而杀人。从动机上划分，杀人的类型包括：（1）利欲杀人，主要是指为了获取财物和满足个人欲望而杀人；（2）纠纷杀人，主要是因为恋爱、憎恨、嫉妒或其他个人的情绪纠葛而杀人；（3）隐蔽杀人，为了隐蔽盗窃、抢劫、强奸等犯罪行为而杀人灭口；（4）性欲杀人，主要指以杀人为满足性欲的手段者，如施虐型杀人，以杀人本身作为性的代偿物；（5）无定型杀人，即没有明确动机的杀人，如精神病性杀人、政治性刺客以及报复社会型杀人等。

二、对杀人犯的识别

（一）作案前故意杀人犯的识别

1. 选择作案时间和地点

具有报复型作案动机的故意杀人犯，在作案前会进行反复侦查，多次出入受害者经常工作和生活的地方。总体而言，作案地点是住宅区和工作区多于户外。其中，住宅区占第一位，交通场所占第二位，市街商店占第三位。户外街头以男性被害者居多，女性被害发生地点多发生于厨房或卧室。在作案时间上，杀人案件的发生率在一年内分布比较均匀。在炎热的夏季会有一些明显增加。在周六晚上，以及每天晚上8点到凌晨2点，是杀人案件比较集中的时段。

2. 准备作案工具

刀和枪是杀人案件中最常用的工具，除此之外，有的故意杀人者还会利用爆炸装置，来进行大规模的屠杀。例如，云南籍杀人犯张×满，在行凶前，曾连着三天去磨斧头；黑社会团伙犯罪头目张某，曾购买了十几支枪；制造台北地铁捷运惨案的凶手郑某，在作案前，专门在很远的五金超市购买了两把刀具。

3. 选择被害人

以报复为目的的凶手，选择的受害者有两种，一种是该对象具有使他们心怀不满的特质（如在工作场所发生的纠纷），另一种是被认为曾伤害过凶手。绝大多数的受害人和凶手认识，其中一半以上属于熟人关系，四分之一左右的受害人为家庭成员。目前，被害人以18～30岁的男性居多。警察、社区矫正人员、出租车司机、私人保镖和酒吧男招待很容易成为受害者。谋杀权威者的案件呈增长趋势。

4. 年龄特征

谋杀者尤其是系列杀手，一般会在相对大一点的年龄才开始反复杀人，年龄分布在 24～40 岁。大多数会有偷盗或抢劫前科。

5. 外貌特征

有些杀人犯认为自己属于饱受挫折、恼羞成怒、对自己的生活感到无助和绝望的人。例如，遭受严重经济损失和精神损失，失去工作、学业、婚姻等。他们的经济状况普遍较低，受教育程度也相对较低。与盗窃犯相比，他们在外貌特征上，很少注意穿着形象。

6. 发生纠纷

很多杀人案件在发生前，加害者和受害者会有感情或利益的纠纷，会从争吵升级到推搡、拳打脚踢，进而演变成杀人。研究表明，有四分之一的杀人犯罪是由被害者引起，首先挑起争执，拿出武器或殴打加害者。

7. 认知特征

故意杀人者的认知会比较偏激。欠缺理性与逻辑，短视，以自我为中心，归罪他人，不负责任，无法妥善处理人际冲突。有的杀人犯患有生理和精神疾病，极易受幻觉的影响而产生暴行。在日常生活中，他们会有一些偏激的言语行为，但没有引起他人重视。

8. 行为特征

故意杀人者日常的行为特征也常常表现为攻击性和冲动性，常常付诸行动。有的杀人犯会有酗酒和吸毒行为。此外，有部分突发杀人者属于控制过度的人，他们日常表现很内向、文静、有礼貌、孤独和饱受挫折。他们在精神崩溃时，更可能做出极端的暴力行为。有的故意杀人者，在发动袭击前几天，行为会变得比较怪异，如把自己关在家里，和亲人告别，突然变得沉默寡言等。

（二）作案过程中故意杀人犯的识别

1. 外在行为方式

不同的杀人犯在作案时，外在行为方式各不相同。有的故意杀人犯在行凶时，会有一些仪式性动作，以缓解自己的道德焦虑感，如有的会狠狠扔掉烟头，有的会喃喃自语等。有些故意杀人犯的眼神会非常空洞和镇定。

2. 和被害人进行直接或间接接触

大部分故意杀人者，都和受害人有一定的密切关系。他们在作案时，采用的手段各不相同：有的会趁人不备，突然发动袭击，这种情况多见于熟人之间作案；有的故意杀人者，是在和被害人发生口角乃至肢体冲突之后，升级为杀人事件；有预谋的杀人者，一般会多次尾随跟踪受害人，利用僻静之处或趁着夜色来杀害对方；有的故意杀人犯，则利用自己独居的便利，诱骗受害人到自己家中，进行杀害。近年来，随着科技的发展，有的故意杀人犯会采用遥控炸弹的方式，制造大范围的伤亡。一般意义上，这种在公共场所实施犯罪的杀人犯，大多具有偏执性人格和受害妄想，和被害者之间不存在直接关系。

3. 作案的方式

有预谋的杀人犯，会充分制造和掌握时机，然后直接利用早已准备好的武器和器械，如枪支、刀具、棍棒、绳索等杀死受害人。冲动型的杀人犯，在和受害人发生冲突，或遭受挫折后，会采用徒手方式，如掐死对方，或利用现场工具，如现场的榔头、斧头、砖头等来杀害对方。女性杀人犯，会选择比较隐蔽的作案方式，如投毒、下药等。

（三）作案后故意杀人犯的识别

1. 作案痕迹的识别

故意杀人犯在逃离现场或在逃跑过程中，会留下比较明显的脚印、血迹、轮迹等。此外，受害人在搏斗过程中，可能会对故意杀人犯造成外伤，故意杀人犯身上可能会沾有大量的血污、泥土、灰浆等附着物。

2. 遇到安保人员反应异常

有的故意杀人犯在遇到安保人员时，会无意识地握紧自己的随身物品，目光不敢直视或突然转身，动作反常，尤其是腿部动作不协调。当面对安保人员的询问时，往往语无伦次、答非所问。有的故意杀人犯则表现得异常沉着、神态自然，关心案件情况，并主动询问："出什么事了？"还有的故意杀人犯，在繁忙的公路旁或自己的汽车里假装睡觉。

3. 身份异常

有些故意杀人犯不愿意与人接触，对他人无意触动其随身携带的箱包过分敏感，不轻易离开自己所在的房间，生活作息时间无规律。有些故意杀人犯，出入公共场合时，几乎不携带任何随身物品。

三、现场处置措施

（一）树立安全意识，时刻保持警惕

安保人员在处置杀人案件时，尤其是在面对持枪或持刀的犯罪嫌疑人时，必须具备强烈的自我防卫意识，善于运用灵活机智的反击战术和过硬的缉捕技术，有效保护自身安全。

（二）追缉堵截犯罪嫌疑人

安保人员在追缉堵截犯罪嫌疑人时，要根据不同的时间、地点和场合，灵活运用相应的战术，统一部署，进行心理准备和装备、技术准备，统一号令，成立缉捕小组，统一行动，分工合作。

（三）抢救现场受伤人员

安保人员要及时抢救现场受伤人员，同时拨打 120 急救电话。

（四）做好现场保护

安保人员要注意保护现场的所有遗留证据，对于室内的凶杀案，安保人员要封锁进出口，并控制现场周围地带；对于公共场所内的凶杀案，安保人员要根据现场情况，划出保护区域，设置隔离标志，严禁无关人员进入。

第三节　恐怖犯罪和恐怖分子的识别与处置

【引例】

2016 年 6 月 30 日，土耳其伊斯坦布尔发生针对外国游客的血腥恐怖袭击，至少 3 名恐怖分子在全国最大的阿塔图克机场以步枪乱枪扫射在场人士，并引爆身上炸弹，造成 42 人死亡、239 人受伤的惨剧。从视频上看，其中一名恐怖分子在当地夏季之时，却身穿黑色长袖羽绒服，手按着腹部位置，估计是为了隐藏身上的炸弹装置；另一名恐怖分子已步入大厅内，身穿黑色长衫长裤，腰间缠着白布。3 名恐怖分子一同抵达机场入境大厅，第一个人先进入大厅内开枪，之后在一部 X 光安检机附近引爆炸弹；第二个人走到上层的离境大厅，引爆炸弹；第三个人则守在外面，当机场内人群涌出来逃走时，引爆身上炸弹。据相关报道，3 名施袭者都不是土耳其籍人员。施袭者未能通过保安系统以及 X 光扫描器，受到警方及保安人员检查，有人便立即折返并取出行李箱内的武器，在安检站开火。

——来自中新网

思考题：

如何识别恐怖分子？

一、恐怖主义犯罪的定义和特征

（一）定义

关于恐怖犯罪的定义，目前国际上并无统一定论，主要有以下几个观点：

1. 美国冷战时期的定义

恐怖主义是有预谋的、有政治动力的、针对非武装目标、由秘密的政府特工实施的暴力行为，通常是想影响公众。

2. 美国国务院 1997 年提出的定义

恐怖犯罪是由次国家组织或隐藏人员对非战斗目标（包括平民与那些非武装或不执勤上岗的军事人员）发动的，常常是想影响受众的、有预谋的、有政治目的的暴力活动。

3. "9·11" 事件后美国提出的定义

恐怖主义是指亚国家集团或秘密机构对非战斗人员实施的有预谋的、有政治动机的暴力行为，通常旨在影响其拥护者。①

---

① 引自胡联合著：《当代世界恐怖主义与对策》，东方出版社，2001年版，第 6 页；转引自 United States Deparment of State，Patterns of Global Terrorism：1997，p. vi。

4．1998 年俄罗斯的定义

恐怖主义犯罪是对自然人或组织使用或威胁使用暴力，以及毁灭（损坏）或威胁毁灭（损坏）财产或其他物质设施，从而造成致人死亡和大量财产损失或产生其他危及社会后果的危险行为。目的是破坏社会安全，恐吓居民，或对权力机关施加影响以做出有利于恐怖分子的决定。

5．英国《简明不列颠百科全书》的定义

恐怖主义是指对各国政府、公众和个人使用令人莫测的暴力、讹诈或威胁，以达到某种特定的政治目的。

6．我国《反恐怖主义法》的定义

我国 2011 年首次定义了恐怖组织的概念，自 2016 年 1 月 1 日起施行的《反恐怖主义法》第一章第 3 条中对相关概念做出了更明确定义，具体如下：

恐怖主义，是指通过暴力、破坏、恐吓等手段，制造社会恐慌、危害公共安全、侵犯人身财产，或者胁迫国家机关、国际组织，以实现其政治、意识形态等目的的主张和行为。

恐怖活动，是指具有恐怖主义性质的下列行为：（1）组织、策划、准备实施、实施造成或者意图造成人员伤亡、重大财产损失、公共设施损坏、社会秩序混乱等严重社会危害的活动的；（2）宣扬恐怖主义，煽动实施恐怖活动，或者非法持有宣扬恐怖主义的物品，强制他人在公共场所穿戴宣扬恐怖主义的服饰、标志的；（3）组织、领导、参加恐怖活动组织的；（4）为恐怖活动组织、恐怖活动人员、实施恐怖活动或者恐怖活动培训提供信息、资金、物资、劳务、技术、场所等支持、协助、便利的；（5）其他恐怖活动。

恐怖活动组织，是指三人以上为实施恐怖活动而组成的犯罪组织。恐怖活动人员，是指实施恐怖活动的人和恐怖活动组织的成员。恐怖事件，是指正在发生或者已经发生的造成或者可能造成重大社会危害的恐怖活动。

（二）特征

我国学者刘涛认为，恐怖犯罪主要有以下几个特征[①]：

1. 动机的政治性

恐怖主义犯罪具有明确的政治目的，主要是威胁或胁迫各国政府、公众或个人，以改变他们的行为或政见，实现其政治主张或文化意识形态的诉求，包括民族分裂主张、某种政治图谋、极端宗教狂热等。

2. 犯罪行为的暴力性和恐怖性

恐怖犯罪是通过实施特定的行为，使社会产生广泛的恐怖效应来实现自己的犯罪目的，犯罪手段极具暴力性和恐怖性，具体包括爆炸、暗杀、大规模劫持与绑架人质、投毒、大规模屠杀等各种残忍方式。近年来，在世界范围内频频出现的如土耳其机场爆炸事件、俄罗斯别斯兰校园劫持和杀害人质事件、东京地铁投毒事件、中国昆明火车站恐怖屠杀事件等，都是由恐怖分子进行策划和实施并引起社会恐慌和关注，破坏国家和整个社会秩序。

3. 攻击目标的非军事化，转向无差别打击

传统恐怖主义活动是"要更多的人看，而不是要更多的人死"，通过威慑作用达到其目的。现在恐怖活动是"既要更多的人死，也要更多的人看"，政府官员、宗教人士，甚至游客、普通民众都不能幸免于难。随着恐怖袭击多样化，个人极端事件频发，这种趋势愈演愈烈。许多恐怖主义组织和集团会不加区分地

---

① 刘涛：《恐怖主义的定义与发展新趋势——兼论恐怖组织与有组织犯罪的合作》，载《犯罪研究》，2011 年第 5 期，第 80～83 页。

选择受害者，因为他们认为杀害无辜者会引起恐慌和公众的关注，会有助于引起国家和社会的动乱，从而迫使政府或任何政治团体做出不愿意之事。

4. 组织的专业性

恐怖组织具有一定的组织领导或分工体系，并有相应的经济来源。他们有自己的组织基地，有严密的组织结构和秘密活动据点。恐怖组织拥有自己的炸弹专家，生物武器、化学武器、网络攻击等技术专家，并拥有很多的先进武器，资金充足，有很强的攻击和破坏能力，国际联系广泛。同时，他们在组织、策划、煽动、实施或参与实施恐怖活动中，建立和形成了一系列的程序和标准，具体包括组织招募、训练、培训恐怖分子，和黑社会集团组织活动合作以获取经济支持等。

二、恐怖主义的类型

恐怖主义的历史发展，共经历了三个时期。第一个时期，称为古代恐怖主义，以政治谋杀为主要活动特征。如两河流域、古希腊罗马时代、阿拉伯帝国时期以及其后突厥人和蒙古人五百年扩张时期所发生的政治谋杀活动以及中世纪王权、教权之间的恐怖斗争。第二个时期，19世纪后的近代恐怖主义，以无政府主义和民粹主义思想为基础，伴随着革命与战争进行，如法国大革命期间雅各宾派的红色恐怖。第三个时期，现代恐怖主义，以政治意识、极端民族分离主义所支撑的恐怖主义狂潮席卷全球。冷战后极端宗教意识形态取代政治意识成为恐怖因素。恐怖手段多样化，恐怖目标多元化，既有政治利益，也有经济利益及文化意识形态的宗教利益。根据不同的利益诉求，我们把恐怖组织分为五种类型①。

（一）民族分裂型恐怖主义

民族分裂型恐怖主义是源于对民族领土、语言、宗教、文化、心理、生活习俗与生活方式等认同基础上的旨在追求本民族的独立（或完全自治）的恐怖主义活动。具体包括：

1. 爱尔兰共和军，英文简称 IRA

该组织创建于 20 世纪 20 年代，以建立统一的爱尔兰国为目标的秘密组织。大约有 1000 名成员，拥有自己的炸弹专家等技术专家，并拥有很多的先进武器，资金充足，有很强的攻击和破坏能力，国际联系广泛。他们在英国各地建有自己的秘密活动据点，常常以 4~6 人为一个行动小组，分散进行活动。

2. 西班牙埃塔，英文简称 ETA

创建于 1958 年，原为佛朗哥时代巴斯克地区的地下组织，后逐渐发展成为危害整个西班牙社会的主张暴力的分裂主义恐怖组织。骨干分子大约 300 人。他们以法国的巴斯克地区为基地，以 3~5 人的战斗小组为单位进行活动。

3. 斯里兰卡的"泰米尔猛虎解放组织"

1972 年，主张以暴力手段建立独立的泰米尔国的激进分子从"泰米尔联合解放阵线"中分裂出来，成立了"泰米尔猛虎解放组织"，从事暗杀活动。

4. 车臣非法武装

其中，沙米利·巴萨耶夫是车臣非法武装的头目，也是俄罗斯通缉的头号恐怖分子，于 2006 年 7 月 10 日被击毙。车臣分离主义分子发动的恐怖活动极其残忍，常采用爆炸、暗杀、大规模

① 于俊平：《现代国外恐怖主义及组织的基本类型》，载《辽宁警专学报》，2003 年 9 月第 5 期，第 43~44 页。

劫持与绑架人质等手段，针对无辜平民的恐怖暴力活动尤为突出和严重。例如，1995 年 6 月，车臣恐怖分子制造了骇人听闻的布琼诺夫斯克劫持人质事件，他们占领医院，劫持 1000 多人为人质，造成 100 多名无辜平民丧生。1996 年 1 月，车臣恐怖分子在达吉斯坦自治共和国基兹里亚尔市袭击机场和火车站，占领医院，先后劫持 3000 余名无辜平民，最终导致 180 多人丧生。

5. 东突

"东突厥斯坦"（以下简称"东突"），它从双泛（"泛伊斯兰主义""泛突厥主义"）中汲取"营养"，逐渐演变为新疆分裂主义者进行分裂活动的思想理论体系，在英俄殖民主义者和新疆分裂主义者的强化下，被赋予政治内涵，被臆造为一个"独立国家"。"东突"恐怖分子与阿富汗的本·拉登恐怖组织有着共同的、天然的所谓"奋斗目标"和结盟倾向，接受制造爆炸装置等培训[1]。该组织在中国境内策划了一系列恐怖事件，其中，从 1992 年至 2001 年，"东突"势力在新疆境内制造了至少两百多起暴力恐怖案件，造成各民族群众、基层干部、宗教人士等 162 人丧生，440 多人受伤。除此之外，"东突"恐怖分子在 2014 年 3 月 1 日晚上，制造了震惊中外的云南昆明火车站暴力恐怖袭击事件，在短时间内造成 29 人遇难、143 人受伤。

（二）宗教极端型恐怖主义

宗教极端型恐怖主义是指把某一种宗教或宗教教派的利益推向极端的一种思潮。它主要包括带有明显宗教狂热色彩的宗教原教旨主义恐怖活动和邪教恐怖活动两大类型。据统计，在全球活跃的国际恐怖组织中，至少有 20%～25% 是具有宗教狂热极端性

---

[1]　李小冲、钟业举等：《我国恐怖主义犯罪的特点与对策探析》，载《四川职业技术学院学报》，2014 年 12 月，第 7 页。

的。例如，日本的奥姆真理教，在 1995 年，奥姆真理教策划了在日本东京发生的地铁毒气事件，该组织在东京地铁释放了希特勒纳粹分子都拒绝使用的沙林毒气，造成 5000 余人中毒、70 人昏迷不醒、13 人死亡。

（三）极右型恐怖主义

当代极右型恐怖主义泛滥始于 20 世纪 60 年代末，主要集中在西欧、美国等资本主义国家。这个派别奉行反动的种族主义，突出的表现是仇外、排外，其袭击对象主要是本国移民、外籍工作人员。在意大利、德国、法国、俄罗斯、美国等国家表现比较突出。

（四）极左型恐怖主义

一般而言，当代极左型恐怖主义泛滥于 20 世纪 60 年代末期。这一时期国际局势动荡不安，资本主义阵营迅速分化、重组，国际共产主义阵营也发生分裂，特别是资本主义国家内部阶级矛盾突出，社会关系紧张。在此影响下，在某些地区和国家一些激进的极左组织相继诞生，他们对现行社会政治制度极度不满，企图通过暗杀、爆炸等恐怖活动来改变社会政治进程，夺取政权。这些集团组织主要包括意大利的"红色旅"、法国的"直接行动"、日本的"赤军"以及秘鲁的"光辉道路"等。

（五）国际间谍型恐怖主义

冷战时期以来，少数国家为了达到其政治目的，将恐怖主义作为实现其国家利益或政治目的的一种工具，在国际关系中利用本国的间谍情报机关进行针对他国的恐怖主义活动（如暗杀、爆炸），从而加剧国际矛盾，推动全球范围内国际恐怖主义活动的泛滥。

三、恐怖分子的识别

为了应对恐怖袭击，自"9·11"事件以来，世界各国加强了对爆炸物、武器及恐怖分子进行探测、监视、识别技术和防恐、反恐装备的研究。在火车站、地铁、机场、海关或边境检查站，都安装了高度自动化的爆炸物、武器、毒品等非法物品检查装置，以便及早识别恐怖分子，减少恐怖事件的发生。但是，安保工作者在依赖科学和技术的同时，更要重视非技术因素在识别恐怖分子中的作用，充分重视人的因素，重视提高安保人员乃至社会公众对恐怖犯罪的警觉和认识，提高保安技术的效率，使整个安保系统充分发挥作用。

（一）作案前恐怖分子的识别

1. 作案手段的识别

恐怖分子实施犯罪的手段有两种：一是常规手段，恐怖分子可能会用炸弹爆炸、汽车炸弹爆炸、自杀性人体炸弹爆炸，纵火枪击，刀砍，劫持人，劫持车、船、飞机等进行袭击；二是非常规手段，指恐怖分子会利用有毒有害的危险物品实施恐怖袭击，包括化学、生化和核武器三种类型，其中化学武器使用得较多，根据国外近期的报道，恐怖分子基本上会使用部分毒剂和毒气，如沙林毒气、芥子气、光气（CG）等。

2. 外貌特征的识别

恐怖分子的着装、携带物品与其身份明显不符，或与季节明显不协调。例如，在夏季，可疑人穿着深色羽绒服和厚重衣服出入机场、候车厅，或携带不规则的不明物品出入公共区域，或在外出旅行时不携带任何行李。

3. 乘坐交通工具的识别

恐怖分子乘坐的车辆可能会有异常情况，包括：（1）状态异常。车辆边角外部的车漆颜色与车辆颜色不一致，车的门锁、后备箱锁、车窗玻璃有撬压破损痕迹，车灯有破损或异物填塞（盗车作案），车体表面附有异常导线或细绳（预置炸药）。（2）车辆停留异常。车辆会反复停留在水、电、气等重要设施附近或人员密集场所。（3）车内人员表现异常。在乘车的长期过程中，一同乘车的几个人会神色凝重，彼此不交谈，气氛压抑。（4）停车后，下车人迅速消失，未在附近活动。（5）车辆与停车场所不符，如货柜车停在居民区、娱乐场所等。（6）发现安保人员后，启动车辆准备躲避。

4. 外在行为方式识别

恐怖分子在遇到安保人员或准备发动袭击时，可能会有如下异常情况：（1）冒称熟人，假献殷勤；（2）在检查过程中，催促检查或态度蛮横、不愿接受检查；（3）频繁进出大型活动场所，对建筑设计图非常关注；（4）反复在敏感警戒区域附近出现；（5）神情慌张，在接受安保人员或服务人员的日常询问或谈话过程中，反复出现停顿、口误或回避等眼神或动作；（6）举止拘谨，常常会紧抱自己的手提包或动作僵硬；（7）在整个旅行过程中，与其他旅客表现迥异，一言不发，不吃任何食物、不喝任何饮料，来回走动，反复检查行李等。

5. 日常行为方式的识别

恐怖分子在日常活动过程中，可能会出现如下异常情况：（1）昼伏夜出，作息时间反常；（2）居住的房屋内有异常声响、气味；（3）门口周围经常出现非生活垃圾，包括化工用品等；（4）交往人员成分复杂，关系异常；（5）常携带异常物品出入，包括形状不规则的包装物，有气味的化学材料等。

6. 出现吸毒症状

有些恐怖分子在发动袭击前，会用可卡因和其他毒品保持清醒，实施持续袭击。在袭击现场，安保人员有可能发现吸毒用具，如注射器等。

7. 性别特征

当前，女性自杀性恐怖犯罪数量持续增多，对很多传统理论构成挑战。恐怖组织使用女性战术，主要是基于下述原因：（1）利用人们疏于防范的心理，人们对女性有一种固有印象，认为女性通常不具有攻击性（或攻击性低），因而对其警惕性也会降低，所以她们更容易接近目标，偷袭也就更容易成功；（2）女性可以通过假装怀孕的方法把炸弹藏在衣服下面避免怀疑，而且人们基于对女性的尊重也不方便搜身，能够躲避检查；（3）允许女性成为自杀性恐怖分子也能够扩充组织队伍，增加后备军；（4）女性自杀性恐怖分子比男性的平均年龄要大一些，而且更可能经历过家庭成员或所爱之人被杀害的悲剧，也有一些女性有被虐待经历，她们有强烈的复仇渴望，因此，她们的袭击可能更致命，造成的人员伤亡也更大。

8. 年龄特征

恐怖分子的年龄特征差异不明显，年龄大多在 13 岁到 47 岁。其中，既包括心理不成熟、有工作压力或无工作、没有社会安全网络、无法享受生活、觉得生活没有意义的问题青年人，也包括那些认同报复文化、受过严重心理创伤、具有为组织牺牲观念、受宗教极端思想影响具有偏执人格的年龄较大的中青年人。

9. 身份特征的识别

恐怖分子的行为动机差异很大。很多自杀性恐怖分子都是宗教信仰极端分子，有些恐怖分子相信他们的行为会受到宗教力量的支持。部分恐怖分子在行动前还会举行宗教仪式，来加强组织认同感。但是，除了极端宗教意识支撑外，几乎所有的自杀性恐怖袭击都有相同的政治目标：迫使军事力量从他们的故土上撤离或争取政治和经济利益等。因此，安保人员平时要注意对恐怖分子的情报收集工作，通过信息共享的恐怖分子数据库网络系统，来进行身份识别。例如，恐怖组织的标志特征识别，包括该组织的旗帜标志、该成员的网上通缉照片等。

（二）作案中恐怖分子的识别

1. 作案时间

恐怖分子选择的作案时间会随着目标人群的变化而变化。有的恐怖活动选择党和国家"盛事"及庆祝日等重大节假日，在人们意想不到的时间内发动袭击，如印度尼西亚巴厘岛的爆炸事件。有的恐怖活动选择在早上上班高峰期，如在日本东京地铁毒气事件中，奥姆真理教的成员选择早上 8 点在东京地铁的几处施放沙林毒气。有的恐怖活动选择在夜晚，如云南昆明火车站暴力恐怖袭击案中，恐怖分子选择作案的时间是夜里 9 点钟，用匕首、尖刀来袭击乘客。

2. 作案地点

恐怖犯罪发生的场所急剧由境外向境内蔓延，由边疆地区向内地蔓延，由城市向乡村蔓延，由一点施恐向多点同时施恐蔓延，由单个袭击向连环袭击蔓延。恐怖袭击目标通常具有不确定性，除了对重要目标、民生工程实施破坏外，还逐渐将矛头指向公共交通工具和人员密集场所。在开放的后工业社会，大城市的平民和经济目标更加易于伤害。国家指挥中心、重点科学研究机构、军事设施、交通枢纽、能源基地、通信广播、沿海核电站体系、标志性建筑物等，很有可能被恐怖分子作为战略目标加以袭击、摧毁。在选择具体的作案地点上，恐怖组织往往经过了一系列的组织和策划。例如，2013 年北京金水桥暴恐案中，暴恐分子从新疆驱车至北京，密谋在天安门实施恐怖袭击，暴露后在金水桥附近采取驾车冲闯人群、点燃汽油自爆等极端手段，造成了重大人员伤亡。在东京地铁毒气事件中，恐怖分子选择在日比谷线、丸内线、千代田线上作案，这三条地铁线都从被称为"日本神经中枢"所在地的霞关通过，日本政府的外务省、法务省、通产省、警视厅、最高法院等部门都在此处。因此，恐怖分子袭击的主要目标是乘地铁上班的国家公务员，特别是针对警方。在机场的化学恐怖袭击中，机场的候机室、办理登机手续窗口以及安检入口等人员密集的地方容易成为恐怖分子袭击的目标。

3. 作案手段

随着暴力恐怖活动的频繁出现和媒介的广泛传播，暴恐组织呈现出一定的网络化、体系化、智能化、家族化、女性化倾向。在传统的常规爆炸、劫持、绑架、投毒等恐怖袭击手段的基础上，人体炸弹、网络攻击、生化袭击等手段也被广泛运用。同时，恐怖分子也会采用"就地取材"的方法，利用身边的工具进行袭击，如拐杖、雨伞、斧头、砍刀等。在 2012 年 2 月发生的新疆叶城"2·28"暴力恐怖袭击事件（导致 15 人死亡、19 人受伤）和发生在云南昆明火车站的"3·01"事件就是用斧头和砍刀进行杀戮。

4. 外在特征的识别

暴恐分子的作案特点具有隐蔽性、突发性特征，其目的是制造震撼效应。因此，在作案过程中，他们会进行伪装，其外在特征主要表现为：（1）冷静寡言，抱着必死心态，对周围环境反应冷淡，对任何企图反抗或妨碍其行动的受害人进行残酷杀害；

（2）严肃冷酷，悄悄观察四周，选择车头或车尾的位置，以便控制整个局势，面部神情比较僵硬，但对安保人员和工作人员的一举一动都非常留意；（3）过分热情，超出常态，进行伪装，主动和安保人员搭讪，以逃避安检；（4）眼神茫然，行为无序，多见自杀式恐怖袭击犯罪分子；（5）不断用暗语和手势进行交流，行为诡异；（6）穿着和随身携带物品与身份、场合季节不符，着装便于行动。例如，在庙宇附近穿穆斯林的蒙头衣服，在展览馆带重物或奇异包裹，在体育看台携带体积较大的不明背包等。相对而言，带有民族分裂、宗教极端色彩的恐怖活动，则具有区域性、先兆性和明目张胆性的特点，多数是暴力事件。恐怖分子可能会头戴面罩、携带武器，直接对受害者进行袭击杀害。

（三）作案后恐怖分子的识别

1. 逃避行为

恐怖分子在作案后，会急于逃离现场。因此，他们的外在行为方式会显得比较慌乱，与周围人群形成鲜明对比。尤其在见到安保人员时，他们会本能地选择绕行、避免直视，以尽快离开。

2. 攻击行为

恐怖分子如果拥有枪支等杀伤性比较强的武器，在逃离的途中，也会明目张胆地实施攻击行为，以便扫清障碍。

3. 作案痕迹的识别

有的恐怖分子在作案后，衣服的前襟、下摆、袖口、肘部、鞋帮等位置会有血迹和斑痕，衣服有被撕扯的痕迹，交通工具上会留有血迹、碰撞等可疑痕迹。

四、现场处置措施

（一）严厉打击，有效提升反恐专业队伍的处置能力

面对暴恐活动，安保人员必须秉承严密防范和严厉打击的原

则，绝不手软。要坚持"主动出击、露头就打、先发制敌"的方针，始终保持"严打高压"态势，牢牢把握对敌斗争的主动权。在打击恐怖分子过程中，要严控重点对象，严查危险物品，严防要害部门，严抓情报信息，对构成现实威胁的恐怖活动，要采取断然措施，果断处置。

（二）因地制宜，有效应对不同类型的恐怖犯罪

对于疑似炸弹袭击现场，安保人员要及时报警，组织周围群众迅速有序撤离。同时，询问目击者发现可疑物的时间、大小、位置、外观，有无人动过等情况；如有可能，用手中的照相机随行照相或录像，为警方提供有价值的线索。同时，要注意那些穿着肥大衣服（特别是瘦人穿肥大衣服的）、目光呆滞、行动鬼祟的人，及时进行观察和跟踪。

对于化学恐怖袭击事件，安保人员要做到以下几点：（1）尽快掩避，利用环境设施与随身携带的物品遮掩身体皮肤表面与口鼻，避免或减少毒物的侵袭与吸入；（2）立即报告上级机关，告知周围尚不知情的人员远离恐怖袭击地点，为应急疏散做好准备；（3）尽快找到出口，组织周围人员迅速有序地离开污染源或污染区域，尽量逆风撤离；（4）及时报警，请求救援，可拨打110、119、120进行紧急救助；（5）留意和观察人群中的可疑人员。

（三）加强区域合作，积极构建反恐安全屏障

目前，暴力恐怖活动日益猖獗和国际化，遏制和铲除暴力恐怖犯罪单靠一个地区、一个部门的力量是远远不够的，安保机关必须广泛开展分工合作，共同打击暴力恐怖犯罪活动。要通过建立情报交流长效机制、创建恐怖组织和暴恐分子通用数据库、举行联合反恐演习等方式，有效开展执法合作，为国家安全、社会

稳定和区域太平构筑一道"安全屏障"。

第四节　群体性暴力事件的识别与处置

【引例】

贵州瓮安事件

2008 年 6 月 28 日下午，因对贵州省瓮安一名初二年级女学生李某的死因鉴定结果不满，死者家属到瓮安县政府和县公安局上访。16 时，死者亲属邀约 300 余人打着横幅在瓮安县城游行。由于当日正是周六，街上人多，部分群众尾随队伍前行，人越来越多。16 时 30 分许，消息通过各种方式传播，越来越多的人加入，当游行队伍抵达县公安局办公楼前时，已经聚集了上千人。公安民警拉起警戒线并开展劝说工作，但站在前排的人员情绪激动，在少数人别有用心地煽动下，一些不法分子用矿泉水瓶、泥块、砖头袭击民警，冲破民警在公安局一楼大厅组成的人墙，打砸办公设备、烧毁车辆，并围攻前来处置的公安民警和消防人员，抢夺消防龙头，剪断消防水带，消防人员被迫撤离。20 时许，不法分子对瓮安县委和县政府大楼进行打、砸、抢、烧，一度冲击临近的县看守所，整个过程持续近 7 个小时。在这一事件中，瓮安县县委、县政府、县公安局、县民政局、县财政局等被烧毁办公室 160 多间，被烧毁警车等交通工具 42 辆，不同程度受伤 150 余人，造成直接经济损失 1600 多万元。后经公安机关的初步侦查发现，直接参与打砸抢烧的为首人员中，已发现多名当地恶势力团伙成员。

摘自《瞭望新闻周刊》

问题：

安保人员如何识别群体性事件中的扰乱分子？如何应对群体性事件？

一、什么是群体性事件

群体性事件，不是一个简单的概念，而是一个复杂的社会现象，目前尚无统一定义。在我国，20 世纪 50 年代至 70 年代末，称"聚众闹事"；80 年代初至 80 年代中后期称"治安事件""群众性治安事件"；80 年代末至 90 年代初期称"突发事件""治安突发事件""治安紧急事件""突发性治安事件"；90 年代中期至 90 年代末期称"紧急治安事件"；90 年代末至今，称"群体性治安事件"。是指由社会矛盾引发的，特定群体或不特定多数人聚合成临时的偶合群体，通过没有合法依据的规模性聚集、对社会造成负面影响的群体活动；常常伴随语言或行为上的冲突等群体行为的方式，或表达诉求和主张，或直接争取和维护自身利益，或发泄不满、制造影响，因而形成对社会秩序和社会稳定造成重大负面影响的事件，如集体上访、非法集会、占领交通路线或公共场所，出现骚乱、暴乱，引发大众恐慌等。

群体性事件的基本特征主要包括：（1）规模性。按照相关规定的解释，群体性事件参与行动的人数至少在 5 人以上。从现阶段来看，我国群体性事件参加人数远超过这一限度，有的高达上万人，如安徽池州事件、贵州瓮安事件、湖北石首事件等，由于参与人众多、破坏性大，造成严重社会影响。（2）违法性。群体性事件既包括一些轻微违法的群体治安行为，也包括一些触犯刑律的群体犯罪行为，是聚众共同实施的违反国家法律、法规，扰乱社会秩序，危害公共安全，侵犯其他公民人身安全和公私财产安全的群体治安性事件。（3）突发性。群体性事件发生的原因是复杂的，由于多种社会矛盾相互交织和作用的结果，以及存在于特定人群中的不满情绪的长期积累所致。这些问题和矛盾一旦遇到个别事件的导引，可能立刻爆发，形成具有一定规模的群众泄愤和骚乱现象。（4）目的性。群体性事件往往目的十分明确，带有明显的利益性，由于某种利益关系而聚在一起。有些是有组织的，有些是自发的。（5）危害性。群体性事件发生时，常伴有极端行为出现，如情绪失控、言论过激、发泄不满，甚至围攻冲击党政机关，阻断交通。

二、群体性事件的分类

（一）国家突发公共事件总体应急预案划分标准

群体性事件的分类，划分标准不一。依据应急预案划分标准，综合考虑其性质、可控性、严重程度和影响范围等因素，一般分为四级：一般、较大、重大、特别重大，相应的等级为Ⅳ级、Ⅲ级、Ⅱ级、Ⅰ级。

1. Ⅰ级标准

具体内容包括：（1）参与人数 3000 人以上，冲击、围攻县级以上党政军机关和要害部门，或打、砸、抢、烧乡镇级以上党政军机关的事件；（2）阻断铁路干线、国道、省道、高速公路和重要交通枢纽、城市交通 8 小时以上，或阻挠、妨碍国家重点建设工程施工、造成 24 小时以上停工；（3）阻挠、妨碍省重点建设工程施工、造成 72 小时以上停工，造成 10 人以上死亡或 30 人以上受伤；（4）高校内人群聚集失控，并未经批准走出校门进行大规模游行、集会、绝食、静坐、请愿等，引发跨地区连锁反应，严重影响社会稳定；（5）参与人数 500 人以上，造成重大人员伤亡的群体性械斗、冲突事件等。

2. Ⅱ级标准

具体内容包括：（1）参与人数在 1000 人以上、3000 人以下，影响较大的非法集会、游行示威、上访请愿、聚众闹事、罢工（市、课）等，或人数不多但涉及面广和有可能进京的非法集会和集体上访事件；（2）阻断铁路干线、国道、省道、高速公路和重要交通枢纽、城市交通 4 小时以上的事件，或造成 3 人以上 10 人以下死亡或 10 人以上 30 人以下受伤的群体性事件；（3）高校校园网上出现大范围串联、煽动和蛊惑信息，造成校内人群聚集规模迅速扩大并出现多校串联聚集趋势，学校正常教学秩序受到严重影响甚至瘫痪，或因高校统一招生试题泄密引发的群体性事件；（4）参与人数 100 人以上、1000 人以下，或造成较大人员伤亡的群体性械斗、冲突事件，或涉及境内外宗教组织背景的大型非法宗教活动，或因民族宗教问题引发的严重影响民族团结的群体性事件；（5）因土地、矿产、水资源、森林、水域、海域等权属争议和环境污染、生态破坏引发并造成严重后果的群体性事件；（6）已出现跨省、区、市或跨行业影响社会稳定的连锁反应，或造成较严重的危害和损失，事态仍可能进一步扩大和升级的事件。

3. Ⅲ级标准

具体内容包括：（1）参与人数在 100 人以上、1000 人以下，影响社会稳定的事件，或在重要场所、重点地区聚集人数在 10 人以上、100 人以下，参与人员有明显过激行为的事件；（2）已引发跨地区、跨行业影响社会稳定的连锁反应的事件；（3）造成人员伤亡，死亡人数在 3 人以下、受伤人数在 10 人以下的群体性事件。

4. Ⅳ级标准

具体包括：（1）参与人数在 100 人以上、500 人以下的非法集会游行、静坐、罢市（课）、绝食等事件；（2）参与人数在 50 人以上、200 人以下并有打、砸、抢、烧行为的事件；（3）聚众阻断铁路支线、国道、高等级公路、省道、城区主干道等交通要道 2 小时以下的事件；（4）聚众阻挠国家重点工程施工，造成 12 小时以下停工，或阻挠省级重点工程施工，造成 24 小时以下停工的事件；（5）80 人以上、200 人以下的到省委、省人大、省政府、省政协、省军区机关的集体上访事件；（6）150 人以上、200 人以下的到省直部门的集体上访事件，等等。

（二）目的性标准

当前，中国社会群体性突发事件按照其产生目的，主要可以分为三种类型：（1）功利性群体性事件，是以利益诉求和维权为导向的群体性事件，如通钢事件（2009）、孟连事件（2008）、重庆出租车罢运事件（2008）等；（2）道义性群体性事件，是以恢复或争取社会公正为主要诉求的群体性事件，如厦门 PX 散步事件（2007）、瓮安事件（2008）等；（3）表意性群体性事件，是以情绪宣泄为主要特征的群体性骚乱事件，如 1985 年北京工人体育场出现的"球迷骚乱"。我国学者于建嵘，将三种类型群体性事件的主要特点进行总结如下①：

1. 功利性群体性事件

其特点表现为：（1）维权事件主要是利益之争，不是权力之争，经济性大于政治性，具有可控性；参与者具有组织性和理性化的目的，具有一定的自我约束能力；对于政府的冲击强度大而

① 于建嵘：《当前我国群体性事件的主要类型及其基本特征》，载《中国政法大学学报》，2009 年第 6 期（总第 14 期），第 116 ~ 118 页。

烈度小，较少出现严重的越轨行为和直接破坏政府设施的情况，是完全"可防可控"的。（2）规则意识大于权利意识，但随着从个案维权向共同议题转变，权利意识有所加强。这种事件通常基于某种权利或经济利益，有一个矛盾积累的过程，矛盾和事件的原因较为明显。而且冲突只是维权的手段，并不会直接对抗政府。（3）反应性大于进取性，具有明显的被动性。

2. 道义性群体性事件，又称社会泄愤事件

其主要特点表现在：（1）突发性强。这些事件主要是因偶然事件引起，一般都没有个人上访、行政诉讼等过程，突发性极强，从意外事件升级到一定规模的冲突过程非常短。（2）无法协商解决。在这些事件中，一般没有明确的组织者，找不到磋商对象，绝大多数参与者与最初引发的事件并没有直接利益关系，主要是路见不平或借题发挥，表达对社会不公的不满，以发泄为主。（3）谣言被广泛传播。在事件发生和发展过程当中，信息的传播有新的特点。各种非组织化的传言、谣言和失实信息通过短信和网络传播，对事件发生和发展起到非常重要的作用。（4）严重冲突。在这些事件中，群体处于相对自发的、无组织的和不稳定的状态，往往会表现出放任自流的、无法控制的、一哄而上的特点，极易受普遍影响和鼓舞而发生严重的打、砸、抢、烧等违法犯罪的行为，不仅给国家、集体和个人造成财产方面的损失，而且会产生较大的社会影响。

3. 表意性群体性事件，又称骚乱性群体事件

衡量标准是攻击的目标和事件起因之间不具有相关性，如球迷骚乱等。

三、群体性暴力事件的识别

群体性事件发生一般会经过四个阶段。（1）潜伏阶段。群体

中普遍存在某种情绪，如愤怒和不满及相对剥夺感等。例如，贫困、失业、不公平的待遇、不平等的竞争、不公正的司法、贫富差距过于悬殊、腐败的蔓延、干部的专横跋扈、强势集团的肆无忌惮、弱势群体的无助、难以预期的前景等都会产生、积淀群体不满情绪。（2）诱发事件。在事件发生前会出现某个新闻事件，引起这些潜在群体的注意，并借题发挥。（3）爆发阶段。在事件开始阶段，人群会比较温和，如游行、抗议、集会宣传等；在发展阶段，随着其他人员的不断聚集，人群会亢奋，开始出现打砸、焚烧等行为；在高潮阶段，人群会失去控制，就会发生抢劫、攻击、凶杀等行为。（4）平复期。群体人员被驱散或者自动散去。

（一）群体性事件的早期识别

群体性事件的发生尽管大多突如其来，但也会有些征兆，主要包括：

1. 作为导火索的突发事件爆发

这类事件的共同特征是侵害了某个群体或某个阶层的利益，并挑战了人们的价值观。例如，2009 年通钢事件中的企业改制；2008 年瓮安事件中的女孩溺水；2011 年 8 月英国骚乱中伦敦 29 岁的黑人马克·达根被警察射杀，等等。其他的不稳定因素包括：房地产交易、房屋拆迁、建筑工程质量和工程款结算、物业管理引发的不稳定因素；地权、征地、水库开发等引发的不稳定因素；涉农问题引发的不稳定因素；传销、制假、售假等问题引发的不稳定因素；集资、证券、保险等金融问题引发的不稳定因素；基层组织和领导干部的工作方法、工作作风问题引发的不稳定因素；行政执法引发的不稳定因素；大、中专学生就业安置引发的不稳定因素；退伍、退役军人就业安置引发的不稳定因素；

民族、宗教问题引发的不稳定因素；环境污染、生态破坏引发的不稳定因素；企业改制问题引发的不稳定因素；医疗问题引发的不稳定因素；大型水利、水电工程移民引发的不稳定因素。

2. 维权活动或上访活动频现

受到事件伤害的弱势群体，一般并不会立即走上街头或付诸于暴力，他们开始往往会据理力争，或到相关政府部门上访，这类行为如果不能引起有关部门的重视并获得妥善的解决，就有可能爆发群体性事件。

3. 相关社会舆论出现

一是传言增多，二是网络事件出现。这些传言或出乎人们意料的信息引发人们的道德愤怒，从而使人们倾向于参加集体行动，无论是否有人对他们进行动员。例如，在一次事件中，自称公务员的人口出"可以拿钱来买命"之类的狂言，其对底层百姓表现出来的极端骄横深深刺痛了群众敏感的神经，让平日弥散的集体情绪迅速地凝聚起来。社会舆论的四步骤是：（1）对某个事件产生不满；（2）产生共同需要；（3）通过媒介或口头方式讨论或争论；（4）采取行动。舆论在产生的过程中，也会演变成畸变形态。在现代社会，流言和谣言会因为网络的传播，产生更加广泛的影响。例如，突尼斯事件中的维基解密和Facebook，英国骚乱中的 Facebook 和黑莓手机。

（二）群体性事件爆发期的识别

1. 地点识别

群体性事件爆发的地点具有不可预测性。从近几年发生的群体性事件来看，一般和平的方式往往发生在资讯发达的大城市或特大城市，而暴力的群体性事件往往发生在中西部相对封闭、偏僻的县城。由于这些地区经济发展较慢，社会分化不明显，弱势群体数量多，升学、就业机会少，待业年轻人多，更易呼啸成众，聚众闹事。2008 年的瓮安、孟连、陇南事件中男青年的暴力行为就是很好的例证。有的群体性事件发生在繁华的商业闹市区、交通干道或露天广场，便于信息传播，好奇心会使围观的人流迅速扩大。有的群体性事件则发生在密闭的空间内。空间内难闻的气味、高温、激昂的音乐、强烈的噪声、刺激的颜色、灼热的空气、各种呐喊、嘘吹、唱歌、吹口哨、鸣喇叭等不良刺激会作用到现场群众，与群众形成顺向反应，相互激发，导致在场人员的意识、注意及思维的相对狭窄、理性认知降低，开始盲目地起哄闹事，进而产生骚乱乃至暴乱行为①。

2. 时间识别

大多数群体性事件都发生在周末或傍晚、重大的节假日或庆典和展会等大型活动期间，人们在放松闲散时或现场气氛过于紧张压抑时，都容易出现群体性事件。

3. 人员识别

在人员识别中，首先是群体参与规模的识别。其次根据事件参与人员在群体性事件中所起的作用，可分为四类，即核心人员、骨干分子、一般追随者、围观者。从国外情况来看，在有组织的群体性事件中，一般是由某一政党或社团组织发动并组织实施的，参与人员多是该党团的成员，组织严密且目标明确，自我控制力较强；社团组织较为固定，便于警方与其建立沟通和合作关系。目前，我国的群体性事件参与者多是基于某种共同利益而临时组合在一起的，没有明确的组织领导者，即使有也多是不固定的，缺乏足够的权威。参与者之间虽然也以亲缘关系、经济利

---

① 孙保利、朱国生、武鹏举：《球迷骚乱动态过程模型建构及防治对策研究》，载《南京体育学院学报》，2008 年 12 月，第 51 页。

益关系作为纽带，但组织较为松散，而且目标不固定、极易转移，自我控制力较弱，易为外来势力所操纵，警方难以与其建立长期、固定的联系。一些地方民众开始在寻找理性有效的表达，初步建立了可以对话的形式，如 2007 年厦门"散步"事件、2008 年年初的上海市民反对磁悬浮事件和成都市民反对彭州石化项目事件。但是，在具有骚乱性质的群体性事件中，组成人员的成分会更加复杂，既有诱发性事件的参与者、围观的群众、各种利益诉求的弱势群体、提出口号的组织者，也有境内外敌对势力、敌对分子以及在混乱中袭击、伤害、杀害他人的暴力分子。

4. 传言、口号、标语的识别

群体内的领袖人物或鼓动者的鼓励和口号，标志着集群行为的开始。大多数群体性事件会选择以下岗工人、拆迁等弱势群体的"生存需要"为道义支持，打着"要饭吃""要工作"的旗号，争取群众的同情与认可。又如，郑州升达学院学生因文凭"变脸"，身穿印有"诚信"文化衫，喊出"还我学历证，退我父母血汗钱"的口号。在行动中，有的群体会统一口号和着装，打出横幅、标语、散发传单，想方设法向政府施加压力。此外，在口号产生前，大都经过一个流言和谣言产生阶段，通过网络平台，把一个普通的打架斗殴或突发事件，逐渐演变成具有强烈道德震撼的群体性事件。例如，把闹市区普通民众之间偶然的推搡事件演变成区国土局副局长无故用扁担打断农民工腿的事件，从而激发群众为弱势群体伸张正义的道德行为，造成群众和政府的直接对抗。

5. 暴力行为的识别

在任何环境或任何场合，只要是一大批人失去了必要的行为规范，就有可能导致集群行为。群体性事件中的行为包括聚众、游行、示威、罢工、罢课、请愿、上访、占领交通路线或公共场所，甚至出现骚乱、暴乱等极端状况。其中，最为典型的是围攻、哄抢、殴打、砸毁、火烧和杀人行为。尤其是平时就有刑事前科的犯罪分子可能会夹杂在其中，趁机实施严重的暴力犯罪。例如，在一次群体性事件中，有人居然身上绑了炸药包，威胁说要与"当官的"同归于尽。

四、群体性暴力事件的处置

群体性暴力突发事件一般表现形式非常激烈，如果处理不及时，会造成不良的影响和后果，因此，一旦事件开始发生，政府及有关部门就要及时决策和采取行动，避免事态恶化。其中，最重要的是要采取防止、抑制和疏导等社会控制手段，将事件及时平息。美国学者亚当斯认为，在具体的社会控制手段上，应依据事件不同的发展阶段进行评估和决策，采用围堵、下令解散、武力驱散、逮捕（包括强行带离现场）、现场管制、确立行动等行动方针。[1] 根据以往的相关经验，处理群体性事件要坚持以下几个基本原则：

1. 主管者负责的原则

在处理初始的群体性暴力事件时，主要领导应该靠前指挥，严密组织。全面掌握事态发展状况，准确把握群众的心理和情绪，做到统筹全局，控制事态的蔓延和恶化。主管领导要及时听取群众的合理要求或基本合理的要求，采取温和的方式与群体展开协商和对话，尽量不要激怒周围的群众。而对无越轨与非法行为的群体性事件，要慎用警力。

---

[1] 范明：《中外"群体性事件"问题比较研究》，载《中国人民公安大学学报》，2003年第1期，第63页。

2. 控制事态，防止恶化

把群体性突发事件控制在萌芽状态，这是公共危机管理的精髓，也是有效化解群体性事件的重要环节。安保部门在处置群体性事件中的第一个步骤，就是确定和评估群体性事件发生的可能性。当安保部门发现这种抗议活动有可能失控时，应当在群体性事件发生前，第一时间进行响应，与抗议活动的组织者进行充分沟通，争取把事态控制在有限的时间、空间内。在处理群体性事件时，决策部门不要作"过度政治化"解读，防止轻率地将群体事件定性为"敌我矛盾"，进一步激化矛盾。在许多处置群体性事件的案例中，安保人员的使命是去帮助民众、结束群体性事件，避免过早地使用暴力而激发整个群体的情绪。如果警察处置群体性事件中使用了不当的方法，激化与群众的矛盾，错把人民内部矛盾当作敌我矛盾对待，反而会激发民众对抗议人群的同情与支持，会站到抗议人群的立场上，导致暴力性事件进一步升级。因此，在初始阶段，安保机构应当为抗议活动设置一些边界或活动的底线，如为他们活动划定一个活动区域，应当指派一些受过专门培训的安保人员去现场观察、监控抗议活动。安保人员在初始阶段的工作要点就是在民众举行抗议活动时必须到场，确保包括参与者在内的所有人的安全。

3. 疏导为主，强制为辅

在疏导过程中，相关部门首先要做到保持信息畅通和公开。要在黄金 24 小时内公布准确、真实信息，避免不良消息的传播、扩散，要做到及时真实地报告相应的事实，慎报原因，以滚动方式逐渐增加知道的事实情况。

安保人员要根据群体的规模和风险级别，及时采取相应的应对措施，使参与和围观群体性事件的人数不再继续增加，防止事件的危害升级；对于规模不大、群众的要求基本合理、群体行为表现比较温和、有一定的组织性、没有越轨的群体性事件，不应该随便出动警力；对于规模不大、群众的要求基本合理，但是群众情绪激动、言行冲动、有可能出现违法行为或者已经出现了不太严重的违法行为的群体性事件，应该出动一定的警力；对于规模较大、已经造成或可能造成社会秩序混乱的群体性事件，不管群众的要求是否合理，都要出动优势警力控制现场。

4. 慎用警力原则

安保人员的主要职责是让参与群体性事件的人群在事件发生过程中一直保持冷静，直到他们回家。安保人员使用武力的程度必须与事件的严重程度成正比，并且一旦事态被控制，就要立即停止使用这种武力。因此，在处置群体性事件中，除非万不得已，安保人员不得使用致命性警械装备，不要与群众发生直接对抗、冲突。但是，如果现场发生了打、砸、抢、烧，就要果断处置肇事者。

5. 果断处置原则

在群体性事件的发展过程中，如果人群已经情绪失控或演变成有暴力行为的群体性事件时，安保人员要采取措施，果断处置。

从国外情况看，首先，安保部门要采取威慑策略，警察列队全副武装控制局面。其次，安保部门在处置群体性事件时，要将抗议人群中实施违法犯罪行为的人作为抓捕目标迅速抓捕，以便控制事态，保护群众人身、财产安全。最后，即使在群体性暴力事件中，安保人员与闹事者形成了正面冲突的局面，安保工作的主要目标依然是驱散抗议人群，要采取多种手段和方式，尽快将抗议人群驱离特定区域。

【思考题】

1. 如何识别抢劫人员?

2. 故意杀人犯的行为特征有哪些?

3. 恐怖分子犯罪的特点有哪些?

4. 群体性事件的爆发经历了哪些阶段?

5. 安保部门该如何应对群体性事件?

【参考文献】

1. 樊守政:《当前全球恐怖威胁新态势》,载《现代国际关系》,2013 年第 3 期。

2. 王梦瑶:《"对危机管理视域下防恐怖工作的思考"——以美国为例》,载《法制与社会》,2016 年第 2 期(中)。

3. 刘仁文:《刑事法治视野下的社会稳定与反恐》,北京:社会科学文献出版社,2013 年版。

4. 张小虎:《当代中国社会结构与犯罪》,北京:群众出版社,2009 年版。

5. 林维业、刘汉民著:《公安机关应对群体性事件实务和策略》,中国人民公安出版社,2008 年版。

6. [法]古斯塔夫·勒庞,冯克利译:《乌合之众——大众心理研究》,北京:中央编译出版社,2000 年版。

7. 侯玉波著:《社会心理学》,北京大学出版社,2002 年版。

第七章 危险品的分类与识别

　　随着化学、生物、核能以及其他领域科学技术的发展，人们加快了对新物质的发展和合成进程。除了自然界本身存在的数以万计的天然有毒物质，新发现的有毒物质也越来越多地进入我们的日常生活。人们在享受危险品所带来的便利的同时，也承受着日益严重的危险品安全事件的发生。这些事件既包括生活中的食物中毒和煤气中毒等事件，也包括职业活动中的危险品事故，还包括由化学、生物乃至放射性武器所产生的一系列灾难性事件。因此，作为安保人员，了解危险品的分类、标签以及相应的处置程序，不仅有助于保护自己的人身安全，还可以在工作中进行科学预防，减少不必要的人员伤亡和财产损失。

【学习目标】

1. 掌握危险品的分类和标签；
2. 重点掌握爆炸品的分类和识别方法；
3. 掌握化学和生物武器的分类和识别。

第一节　危险品的定义、分类和标签

【引例】

　　某年某月某日，某机场安检站行检分部检查员在对一航班进行检查时，从一名旅客的托运行李中查出易燃混合物——液体石蜡一瓶。当时，行检分部国内超规行李托运处的检查员在对 BK2811 次航班的旅客托运行李进行 X 光机检查时，发现一行李内的瓶装物品图像异常，颜色稍深，与包装不相符，遂引起高度警觉，立即要求旅客配合进行开箱检查。该名旅客十分配合地取出包内瓶装物品，并取出少许液体进行试烧，但无明显燃烧现象。后经检查员细心观察发现该塑料瓶内液体可能为混合物，经与旅客进一步了解核实，确认瓶内物品为液体石蜡。

　　液体石蜡属于无固定熔点混合物，但高温汽化后会剧烈燃烧，如带上飞机后果不堪设想。据该旅客介绍，此液体石蜡用作工业润滑等用途，因其对民航运输知识缺乏了解，遂造成此事件发生。经检查员请示站值班领导后，将该名旅客交由机场公安机关进一步处理。

　　问题：

　　1. 什么是危险品？

　　2. 危险品分为哪几类？

一、什么是危险品

　　危险品是指具有爆炸性、燃烧性、腐蚀性、放射性等物质以及在航空运输过程中可明显地危害人身安全、健康或对财产造成损害的物质或物品。此外，在民航运输中的危险品，还包括列于 DGR 中或依据 DGR 分类的物质或物品。[①] 这一定义包含了三个含义：

1. 危险品是一类具有爆炸性、易燃性、毒害性、腐蚀性、放射性等特殊性质的物质或物品，这些性质使其在生产、运输中容易发生火灾、爆炸和中毒等事故。

2. 在生产、运输、使用、储存和回收过程中易造成人员伤亡和财产损毁。危险品受到周围环境的影响，会因为受热、潮湿、撞击、摩擦，或与其他物质接触，发生化学反应而造成安全事故。

3. 危险品在生产、储存和运输过程中需要特别防护。这里的防护不是指一般意义上的轻拿轻放、注意明火、防止曝晒等，而是指针对危险品本身的化学和物理性质所必须采取的防护措施。例如，需要其他化学品来控制温度、采用避光包装、添加化学抑制剂等。

一般认为，只要同时满足以上三个特征，即为危险品。

二、危险品的分类和标签

危险品按其性质不同，共分为九类，第 1 类至第 9 类危险品的类别编号仅为标志使用，不与危险等级对应。

（一）第 1 类　爆炸品（Explosives）

1. 定义

爆炸品包括爆炸性物质和爆炸性物品。

爆炸性物质：系指自身能通过化学反应，以相当速度产生相当温度和压力的气体，以至于对周围环境造成破坏的固体或液体物质（或混合物）。烟火物质即使不放出气体也包括在内。烟火物质系指通过非爆轰性的、自身持续的、放热的化学反应，放出

---

① 肖瑞萍编著：《民用航空危险品运输》，科学出版社，2013 年版，第 6 页。

热、光、声、气或烟效果以及组合效果的物质或混合物。某种物质本身不是爆炸品，但能够形成气体、蒸气或粉尘爆炸性氛围，这种物质不属于爆炸性物质。

爆炸性物品：系指含有一种或多种爆炸性物质的物品。

爆炸通常可分为物理爆炸、化学爆炸和核爆炸。第 1 类危险品所发生的爆炸指的是化学爆炸。

2. 项别

第 1 类危险品细分为以下六项。

1.1 项——具有整体爆炸危险性的物质和物品。

1.2 项——具有抛射危险性，但无整体爆炸危险性的物质和物品。

1.3 项——具有起火危险性、较小的爆炸和（或）抛射危险性而无整体爆炸危险性的物品和物质。它包括产生大量热辐射的物质和物品，或相继燃烧而爆炸和（或）抛射危险性较小的物质和物品。

1.4 项——在运输中被引燃或引发时无显著危险性（仅有轻微危险性）的物品和物质。其影响基本被限制在包装件之内，不会在较大范围内发生碎片的飞射。外部明火不可能引起包装件内所有内装物品的瞬间爆炸。

1.5 项——具有整体爆炸危险性而敏感度极低的物质。在正常运输条件下，这些物质极不敏感，被火引爆的可能性非常小。在灼烧试验中不发生爆炸，是它们的最低标准。

1.6 项——无整体爆炸危险性且敏感度极低的物品。本项只包括极不敏感的爆轰炸药，经验证，它们被意外引爆或传播爆炸的可能性很小。

注：1.6 项物品的危险性只限于单一物品的爆炸。

3. 爆炸品的运输限制

绝大多数的爆炸品,如 1.1 项、1.2 项、1.3 项(仅有少数例外)、1.4F 项、1.5 项和 1.6 项的爆炸品,通常禁止航空运输。

新型爆炸性物质或制品在运输之前,其分类、配装组及运输专用名称必须经过制造国的主管当局批准。

"新型爆炸性制品或物质"指下列任一情况:

(1)与已批准的爆炸性物质或混合物有重大区别的新的爆炸性物质、组合物或混合物;

(2)新设计的爆炸性制品,或含新的爆炸性物质、组合物或混合物的制品;

(3)为爆炸制品或物质而新设计的包装件(包括新型的内包装)。

4. 爆炸品的标签

爆炸品的危险性标签主要可以从三个方面来识别:第一,从颜色上,爆炸品的标签主要为橙红色;第二,从图案上,有的爆炸品会有爆炸的具体形象图案;第三,从数字上,在标签的中间和最下角部分,会用数字 1 或 1.1、1.2、1.3、1.4 等类别来表示。

图 7-1 中,带有以下标签属于 1.1、1.2、1.3(1.3C、1.3G除外)1.4F、1.5 和 1.6 项的物品禁止空运。

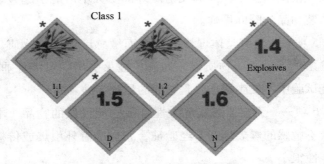

图 7-1   第 1 类爆炸品标签

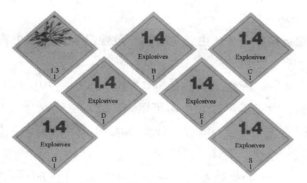

图 7 - 2 以上标签所示为仅限货机运输的爆炸物（1.4S 除外）

（二）第 2 类 气体（Gases）

1. 定义

危险品气体，是指在 50℃下蒸气压高于 300kPa，或在 20℃时标准大气压为 101.3kPa 下，完全处于气态的物质。

蒸气压是指液体与其蒸气处于平衡状态时，饱和蒸气的压力。在温度一定时，不同物质的饱和蒸气压是不同的。在一般情况下，物质的饱和蒸气压会随温度的升高而增大。

第 2 类危险品气体，根据不同的物理状态，可以分为：

（1）压缩气体：在 -50℃包装于高压容器内运输时，完全呈现气态的气体（在溶液中除外）。

（2）液化气体：高于 -50℃在运输包装内，部分呈现液态的气体。

（3）冷冻液化气体：由于自身温度极低而在运输包装内，部分呈液态的气体。

（4）加压溶解气体：在运输包装内，溶解于某溶液的压缩气体。

第 2 类危险品包括上述压缩气体、溶解气体、冷冻液化气体、气体混合物、一种或几种气体与一种或几种其他类别物质的蒸气混合物、充气制品、六氟化碲和烟雾剂、气溶胶等。

2. 项别

根据运输中气体的主要危险性，危险品管理规则中将属于第 2 类的物质分为下列三项。

2.1 项——易燃气体：在 20℃标准大气压（101.3kPa）下与空气混合，含量不超过 13％时可燃烧；或与空气混合，燃烧的上限与下限之差不小于 12 个百分点（无论下限是多少）的气体。包括氢气、乙炔、丁烷、丙烷等。

2.2 项——非易燃无毒气体：在 20℃下，压力不低于 280kPa 运输的气体、冷冻液化气体以及具有窒息性或氧化性的气体。包括二氧化碳、氖气、液氮或液氦等。

2.3 项——毒性气体：已知其毒性或腐蚀性可危害人体健康的气体；或根据试验，LC_{50} 的数值小于或等于 $5000mL/m^3$（ppm），其毒性或腐蚀性可能危害人类的气体。具体包括一氧化碳、二氧化硫、氯气、化学毒气、光气、双光气、氰化氢、芥子气、路易斯毒气、维克斯毒气（VX）、沙林（甲氟磷异丙酯）、毕兹毒气（BZ）、塔崩（tabun）、梭曼（soman）等。

气体或气体的混合物往往具有 2 种或 2 种以上的危险性。例如，一氧化碳既具有易燃的特性，又会引起人的窒息，容易中毒。

气溶胶也是第 2 类危险物品中的一种。它是指装有压缩气体、液化气体或加压溶解气体的一次性使用的金属、玻璃或塑料制成的带有严密闸阀的容器。当闸阀开启时，可以喷出悬浮着固体或液体小颗粒的气体，或喷出泡沫、糊状物、粉末、液体或气体。

3. 标签

2.1 项易燃气体：包括在某浓度下与空气混合而成易燃混合物的任何气体。标签的颜色是正红色，图案是黑色或白色火焰标志，数字是 2。

图 7 - 3　第 2.1 项易燃气体

2.2 项非易燃无毒气体：包括任何不燃烧、无毒气体或冷冻液化气体。标签的颜色是绿色，图案是黑色或白色的长瓶标志，数字是 2。

图 7 - 4　第 2.2 项非易燃无毒气体

2.3 项毒性气体：包括已知的对人有毒或有腐蚀性以及对人的健康产生危害的气体。标签的颜色是白色，图案是黑色骷髅标志，数字是 2。

图 7 - 5　第 2.3 项毒性气体

（三）第 3 类　易燃液体（Flammable Liquids）

1. 定义和分类

易燃液体，是指在闭杯闪点试验中温度不超过 60.5℃，或者在开杯闪点试验中温度不超过 65.6℃时，放出易燃蒸气的液体、液体混合物、固体的溶液或悬浊液（如油漆、清漆、瓷漆等，但不包括其主要危险性属于他类的物质）。

有些情况虽然符合易燃液体定义，但是由于其具体情况对航空安全影响较小，也可以不划为易燃液体。以下几种情况须特别注意：

第一，当闪点高于35℃时，若符合下列任一条件，可不划为易燃液体。

（1）按照第3类物质燃烧性测试方法进行可燃性试验，经验证，不持续燃烧；

（2）燃点高于100℃；

（3）如果它们是水溶液，水的含量高于90%（重量）。

第二，即使液体的闪点高于易燃液体标准，如果交运时温度达到或超过其闪点，这种液体被视为易燃液体。

第三，以液态形式在高温中运输或交运，并且在低于或达到运输的极限温度（即该物质在运输中可能遇到的最高温度）时放出易燃蒸气的物质也被视为易燃液体。

2. 包装等级

易燃液体的包装等级依其闪点和沸点来划分，见表7-1。

表7-1　易燃液体的包装等级划分

包装等级	闪点（闭杯）	初始沸点
I	—	低于或等于35℃
II	低于23℃	高于35℃
III	高于或等于23℃，但低于或等于60.5℃	

易燃液体的危险性与其流动性成正比，当易燃液体的黏度较大时，其危险性相应地就较小。因此，当易燃液体的黏度达到一定程度时，其包装等级可以相应地降低。具体包装标准如下：

闪点低于23℃的油漆、清漆、瓷漆、大漆、黏合剂、擦亮油及其他易燃黏稠物质（黏稠液体的闪点应按照国际标准化组织适用于油漆和清漆的 ISO1523：1983 方法测定闭杯闪点）一般划为Ⅱ级包装，但如符合以下标准之一，可使用Ⅲ级包装：

（1）在溶剂分离实验中，清澈的溶剂分离层少于3%；

（2）混合物或任何分离溶剂都不符合毒性物质和腐蚀性物质的标准。

3. 特征

（1）挥发性和易燃性

易燃液体除具有一般液体的普遍性质外，还具有高度的挥发性、易燃性，其蒸气具有易爆性的特点。其中，闪点和初始沸点两个指标，作为划分易燃液体的危险等级标准。考虑到液体的受热膨胀系数，在装载时，要留足膨胀余位。

（2）有毒性

易燃液体大多为有机化合物，在危险货物中品种最多，运输量最大，包括苯、汽油、二硫化碳等。易燃液体对水的溶解度小，具有一定的毒性，应引起注意。

4. 标签

标签的颜色是正红色，图案是黑色或白色的火焰标志，数字是3。

图 7 - 6　第 3 类易燃液体

（四）第 4 类　易燃固体、自燃物质、遇水释放易燃气体的物质

1. 项别

第 4 类分为下列 3 项。

4.1 项——易燃固体

（1）易燃固体的含义

易燃固体是指在运输过程中容易燃烧或摩擦容易起火的固体，容易进行强烈的放热反应的自身反应物质及其相关物质，以及不充分降低含量可能爆炸的减敏爆炸品。包括易燃固体，自身反应物质及其相关物质，减敏的爆炸品。

易燃固体既容易燃烧又容易摩擦起火。当它们处于粉末状、颗粒状或膏状时，则更为危险。因为，一旦被明火（如燃着的火柴）瞬时点燃，则火势迅速蔓延，甚至发生爆炸。易燃固体的危险性不仅来自火焰，而且还来自燃烧生成的有毒产物。金属粉末的起火尤为危险，原因是灭火困难，像二氧化碳和水这样的普通灭火剂只能助长火势。这些易燃固体包括赤磷、磷的硫化物、硫磺、萘等。

自身反应物质是遇热不稳定的物质，甚至在无氧（空气）情况下，它们仍易发生强烈的热分解反应。但是其如满足下列条件之一，则不再作为 4.1 项的自身反应物质：符合第 1 类标准的爆炸品；符合 5.1 项标准的氧化剂；符合 5.2 项标准的有机过氧化物；分解热低于 300J/g 的物质；或在一个 50 公斤的包装件内，自身加速分解的温度高于 75℃的物质。

自卑反应物质在与热量、摩擦、碰撞或与催化性的杂质（如酸、碱及重金属化合物）接触下，可以引起自身反应物质的分解。分解的速度因物质的不同而异，并随温度升高而加快。分解可能产生有毒气体或蒸气，尤其在无明火的情况下，这种可能性

更大。对于某些自身反应物质，必须控制温度。有些自身反应物质在被封闭的条件下，可能以爆炸方式进行分解。这些特性可以通过加入稀释物质或采用合适的包装来改变。自身反应物质主要包括下列类型的化合物：脂族偶氮化合物，有机重氮化合物，重氮盐，N–亚硝基化合物及芳族硫酰肼。

减敏的爆炸品是指被水或醇浸湿或被其他物质稀释而抑制其爆炸性的物质。为了保证运输安全，人们会使用稀释剂将自身反应物质作减敏处理。使用某种稀释剂时，必须采用与实际运输中含量与状态完全相同的稀释剂进行自身反应物质的试验。

（2）易燃固体的特性

第一，易燃固体的主要特性是容易燃烧，受热易分解或升华，遇火种、热源常会引起强烈、连续的燃烧。

第二，粉尘具有爆炸性。这些物体的粉尘易于飞扬，因表面积大，与空气接触后易形成爆炸性混合物，反应剧烈而发生燃烧爆炸。例如，赤磷与氯酸钾接触，硫磺粉与氯酸钾或过氧化钠接触，均易立即发生燃烧爆炸。易燃固体对摩擦、撞击、震动也很敏感。例如，赤磷、闪光粉等受摩擦、震动、撞击也能起火燃烧甚至爆炸。

第三，有些易燃固体与氧化剂、强酸（特别是氧化性酸）等接触，会发生剧烈反应，甚至引起燃烧、爆炸。例如，发泡剂H与酸或酸雾接触会迅速着火燃烧，萘遇浓硝酸（特别是发烟硝酸）会猛烈反应发生爆炸。

第四，遇水分解。一些易燃固体遇水会发生反应而被分解。

第五，许多易燃固体有毒，或燃烧产物有毒或有腐蚀性。

4.2项——自燃物质

自燃物质是指在正常运输条件下能自发放热，或接触空气能够放热，并随后起火的物质。自发放热物质发生自燃现象，是由于与氧（空气中的）发生反应并且热量不能及时散发的缘故。当放热速度大于散热速度而达到自燃温度时，就会发生自燃。本项的两种类型物质可根据其自燃性加以区别。

自燃物质包括混合物和溶液在内的物质（固态或液态），即使在数量极少时，如与空气接触仍可在五分钟内起火。这些物质最容易自动燃烧。

自发放热物质，是指无外部能量供应的情况下，与空气接触可以放热的固体物质。它们只有在数量大（数千克）且时间长（数小时或数天）的情况下才能被点燃。

4.3 项——遇水释放易燃气体的物质

遇水释放易燃气体的物质，是指与水接触发生反应，容易放出易燃气体（遇湿危险）的物质。这种物质与水反应易自燃或产生足以构成危险数量的易燃气体。

某些物质与水接触可以放出易燃气体，这些气体与空气可以形成爆炸性的混合物。这样的混合物极易被一般的火源引燃，如没罩的灯、发火花的手工工具或未加保险装置的灯泡。大部分自燃物质与水反应剧烈。自燃物质会自动发热，如油纸、油布等含油脂的纤维制品，在干燥时，由于物品的间隙较大，易于散热，在注意通风的情况下，热量不会聚积，一般不会自燃。但是，一旦受潮后，产生的热量就会积聚且散不去，很容易发生自燃。

2. 标签

（1）4.1 项易燃固体，自身反应物质，固态减敏爆炸品。指的是任何易燃、或摩擦后容易引起燃烧的固体物质，包括安全火柴、硫磺等。标签的颜色是白底和红色的竖条纹，图案是黑色的火焰标志，数字是 4。

图 7－7　第 4.1 项易燃固体

（2）4.2 项易于自燃的物质。该物质易于自发放热或与空气接触后升温而起火，包括磷、镁等。标签的颜色为上面白色，下面红色，图案是黑色的火焰标志，数字是 4。

图 7－8　第 4.2 项易于自燃的物质

（3）4.3 项遇水反应释放易燃气体。该物质与水接触后会放出可燃气体，自发燃烧，包括碳化钙、金属钠等。标签的底色为深蓝色，图案是白色或黑色的火焰标志，数字是 4。

图 7－9　第 4.3 项遇水反应释放易燃气体的物质

（五）第 5 类　氧化剂和有机过氧化物

1. 项别

第 5 类危险物品分为两项。

5.1 项——氧化剂

氧化剂是自身不一定可燃，但可以放出氧而有助于其他物质燃烧的物质。包括硝酸铵肥料、高锰酸钾、漂白剂、化学氧气发生器等。

通常氧化剂的化学性质活泼，可与其他物质发生危险的化学反应，并产生大量的热量。这些热量可以引起周围可燃物着火。例如，硫磺、木炭、松节油等易燃物质，即使沾上微量的氧化剂，也会着火。此外，同属氧化剂的物品，由于强化性的强弱不同，相互混合后也能引起燃烧或爆炸，如硝酸铵和氯酸盐等。

有些氧化剂性质不稳定，受热易分解。例如，硝酸钾、过氧化钠等在 400℃时，就发生分解、释放氧气或原子态氧；高锰酸钾在低于 240℃时，发生分解，放出氧气；氧化银在日光照射下，就会很快分解放出氧气。此时，如果遇到明火或其他可燃物，有可能会引起燃烧或促进爆炸。

有的氧化剂具有吸水性，遇水容易分解，释放氧原子，促进燃烧，如过氧化钠等。有的氧化剂遇水后，除了释放氧原子，同时还会产生大量剧毒和腐蚀性的气体。例如，漂粉精会释放具有剧毒和腐蚀性的氯气。

此外，氧化剂一般都具有不同程度的毒性和腐蚀性，引发中毒或烧伤皮肤等现象。

5.2 项——有机过氧化物

分子组成中含有二价过氧基—O—O—的有机物称为有机过氧化物。有机过氧化物遇热不稳定，它可以放热因而加速自身的分解。此外，它还可能具有下列一种或多种形式：

（1）易于爆炸分解。其分解温度一般在150℃以下，甚至在常温下进行分解。

（2）速燃。有机过氧化物绝大多数是可燃物质，甚至是易燃物质。其分解的氧能引起自身燃烧，燃烧后的热量又加速分解，这样循环往复，极难扑救。

（3）对碰撞和摩擦敏感。有机过氧化物的分解温度低，对摩擦和撞击等因素引发的能量更具敏感性。

（4）与其他物质发生危险反应。有些过氧化物对杂质很敏感，与微量酸、重金属化合物或胶类接触，经摩擦或碰撞即会引起发热分解。

（5）损伤身体器官，尤其是眼睛。有机过氧化物大多为刺激剂，对眼睛、咽喉和黏膜有刺激作用。有些有机过氧化物即使与眼睛短暂接触，也会对眼角膜造成严重伤害。

因此，在运输中需要控制温度的有机过氧化物，除非经特别批准，否则一律禁止航空运输。在运输过程中，含有机过氧化物的包装件或集装器必须避免阳光直射，远离各种热源，放置在通风良好的地方，避免震动。不得将其他货物堆码其上。为了确保运输与操作安全，在很多情况下，有机过氧化物可以使用有机液体或固体、无机固体或水进行减敏处理。

2. 标签

（1）5.1项氧化性物质标签。标签的颜色为柠檬黄色，图案是黑色球状火焰标志，数字是5.1。

图 7 – 10   第 5.1 项氧化性物质

（2）5.2 项有机过氧化物标签。标签的颜色为上面红色，下面柠檬黄色，图案是白色或黑色火焰标志，数字是 5.2。

图 7 – 11   第 5.2 项有机过氧化物

（六）第 6 类   毒性与传染性物质（Toxic and Infectious substances）

1. 项别

第 6 类危险品分为下列两项。

6.1 项——毒性物质

（1）定义

6.1 项毒性物质是指在进入人体后，可导致死亡或危害健康的物质。来源于植物、动物或其他菌源的毒素，如不含传染性物质或微生物，也应分类为 6.1 项。

（2）特征

第一，毒害性。按中毒途径划分，毒性物质可分为呼吸中毒、消化中毒和皮肤中毒。

呼吸中毒。呼吸中毒比较快，而且严重。挥发性液体的蒸气和固体粉尘通过呼吸道进入人体，尤其在工作场所、火场和抢救疏散毒害品过程中，接触毒品时间较长，消防人员呼吸量大，很容易引起呼吸中毒。例如，氢氰酸、溴甲烷、苯胺、西力生（有机汞）、三氧化二砷等的蒸气和粉尘，都能经呼吸道进入肺部，被肺泡表面吸收，随着血液循环引起中毒。此外，鼻、喉、气管的黏膜，也具有相当大的吸收能力。

消化中毒。指毒害品侵入人体消化器官引起的中毒。通常是进行毒品作业后未经漱口、洗手、沐浴、更换工作服后就喝水、饮食、吸烟，或在操作中误将毒品服入消化器官，进入肠胃引起中毒。由于人的肝脏对某些毒物有解毒功能，所以消化中毒较呼吸中毒缓慢。有些毒品如砷及其化合物、碳酸钡，在水中不溶或溶解度很低，但通过胃液作用后会变成可溶物被人体吸收而引起中毒。

皮肤中毒。指一些能溶解于水或脂肪的毒物接触皮肤后侵入体内引起中毒，尤其是皮肤有破损的地方更容易侵入人体，并随着血液循环而迅速扩散，引起中毒。例如，芳香族的衍生物、硝基苯、苯胺等；农药中的有机磷、有机汞、赛力散等毒物。特别是氰化物的血液中毒，能迅速导致死亡。此外，苯乙酮等对眼角膜等人体黏膜有较大的危害。

第二，易燃性。列入的毒害品中，约有89%都具有火灾的危险性。无机毒害品中的金属氰化物和硒化物大多本身不燃，但都有遇水释放出极毒的易燃气体的特性；锑、汞、铅等金属氧化物，硝酸铊、硝酸汞、五氧化二钒等大都本身不燃，但都有氧化性，在500℃时分解，与可燃物接触时易引起着火或爆炸。此外，毒害品中许多有机物都为透明油状液体，闪点在23℃以下，具有易燃性，例如，溴乙烷（61564）的闪点为 −20℃。

第三，易爆性。在毒性物质中，叠氮化钠和含硝基的芳香族化合物，遇热撞击等都可能引起爆炸，并分解放出有毒气体。例如，2，4−二硝基氯化苯，毒性大，遇明火或受热至150℃以上即可燃烧或爆炸。

（3）影响毒性大小的因素

第一，毒物在水中的溶解度越大，毒性也越大。例如，氯化钡毒性大而硫酸钡基本无毒，三氧化二砷比三硫化二砷毒性大。

第二，毒物的颗粒越小，越易引起中毒。颗粒越小，越容易进入呼吸道而被吸收。因此，氰化钠要制成颗粒状进行运输与储存。

第三，毒物越易溶于脂肪，越易渗过皮肤引起中毒。例如，苯胺、硝基苯一类的毒物很容易渗过皮肤，进入血液循环引起中毒。

第四，毒物的沸点越低，越易引起中毒。沸点低，挥发性好，蒸气浓度高，而引起吸入中毒。

6.2 项——感染性物质

该项危险品包括感染性物质、遗传变异体和遗传变异微生物、生物制品、诊断标本、临床和医疗废弃物。

（1）感染性物质

感染性物质是指已知含有或有理由认为含有病原体的能够引起或传播人类或动物疾病的物质。病原体为已知或有理由认为能对人类或动物引起传染性疾病的微生物，包括细菌、病毒、立克次氏体、寄生菌、真菌或重组微生物，如杂化体和突变体等。

（2）遗传变异体和遗传变异微生物

遗传变异体和遗传变异微生物是指通过人为的遗传工程，将内部遗传物质已作有目的改变的有机体和微生物。

（3）生物制品

生物制品是指由活生物中获取的制品，应根据国家政府当局的特殊执照要求制造和销售，并且用于对人类或动物疾病的预防、治疗或诊断，或用于与此内容相关的发展、实验和研究目的上，包括疫苗、诊断用制品的成品或半成品等。

注意下面两种情况不属于 6.2 项：（a）包含 1 级危险等级的病原体，所含病原体在该条件下产生病毒的能力很低或没有，和已知不含病原体的生物制品；（b）依照国家政府健康当局的要求制造和包装并为最低包装或分发目的而运输，和医学专家或私人用于个人保健的生物制品。

（4）诊断标本

诊断标本是指人体或动物体的物质，包括分泌物、排泄物、血液及其成分、组织及组织液等。它们是为了诊断目的而运输的，但不包括被感染的活动物。

（5）临床和医疗废弃物

临床和医疗废弃物是指人类或动物在医疗过程或生物研究过程中产生的废弃物。如果废弃物中存在传染性物质的可能性较小，可以按废弃的生物、临床、药品等（UN3291）划分。确实含某些感染性物质的废弃物，必须按 UN2814 或 UN2900 划分。曾含传染性物质但现已消毒过的废弃物，如不符合其他类别或项别的标准，则可不受危险品运输的限制。

2. 标签

（1）6.1 项——毒性物质（Toxic substances）。固体或液体物质，当口服、吸入或皮肤接触时对人体产生危害。例如，砒霜、氰化物、农药等。毒性物质的标签颜色为白色，图案为黑色骷髅头，数字为 6。

图 7 – 12　第 6.1 项毒性物质

（2）6.2 感染性物质（Infectious　substances）。例如，病毒、细菌、医疗废弃物等。感性物质的标签颜色为白色，图案为四个彼此镶嵌的黑色圆环，数字为 6。

图 7 – 13　第 6.2 项感染性物质

（七）第 7 类　放射性物质（Radioactive material）

1. 定义

放射性物质是危险品中较为特殊的一种，它的危险性在于能自发和连续地放射出某种类型的辐射，不仅对人体有害，还能使照相底片或未彰显的 X 光胶片感光。放射性活度大于 70kBq/kg 的物质或物品，定义为放射性物质。

2. 特征

第一，污染。通过直接的外接触与内接触来损害人体或其他物质。其中，外接触是指射线通过皮肤杀死人体组织细胞，使人体生理作用失调而引起病状；内接触是指射线源进入并留在人体内，由于电离作用而杀死人体组织细胞。从而造成两类伤害：一类叫作确定性效应，如各种类型的放射病、脱发、呕吐、生育障碍等。另一类叫作随机性效应，如发生各种癌症、遗传疾病等。

第二，辐射。通过暴露于放射性物质放出的 α 射线、β 射线和 γ 射线，对于人体造成损害。放射性物质氡，已经成为人们患肺癌的主要原因。

第三，毒害性。放射性物质造成的毒害性巨大。例如，钋－210 的毒性比氰化物高 1000 亿倍，也就是说，0.1 克钋可以杀死100 亿人，属于极毒性核素。

第四，不可抑制性。不能用化学方法中和、物理或其他方法使其不放出射线，只有通过放射性核素的自身衰变才能使放射性衰减到一定的水平。

第五，易燃性。放射性物品除具有放射性外，多数具有易燃性，有的燃烧十分强烈，甚至引起爆炸、污染环境，如独居石。

第六，辐射性生物效应。放射性也能损伤遗传物品，主要在于引起基因突变和染色体畸变，使一代甚至几代受放射性污染伤害。

3. 分类

（1）特殊形式的放射性物质

特殊形式的放射性物质，是指不可弥散的固体放射性物质或装有放射性物质的密封盒。

（2）低比活度放射性物质

低比活度放射性物质，是指本身的比活度有限的放射性物质，或适用于使用估计的平均比活度限值的放射性物质。

（3）表面污染物体

表面污染物体，是指本身没有放射性，但其表面散布有放射性物质的固态物体。

（4）可裂变物质

可裂变物质，是指铀－233、铀－235、钚－239、钚－241或它们之间的任意组合。裂变物质受到中子辐射时可分裂，从而产生裂变产物，并以热、γ射线和进一步的中子辐射形式放出能量。

（5）低弥散性放射性物质

低弥散性放射性物质，是指弥散度有限的非粉末状固体放射性物质或封入密封盒的固体放射性物质。

（6）其他形式的放射性物质

其他形式的放射性物质，是指不符合特殊形式定义的其他放射性物质。

4. 标签

（1）第7类Ⅰ级放射性物质。最大表面辐射水平低，≤5μSv/hr，标签颜色为白色，附一条红竖条，数字为7。

图7－14　第7类Ⅰ级放射性物质

（2）第7类Ⅱ级放射性物质。最大表面辐射水平≥5μSv/hr，但≤500μSv/hr，标签颜色为上黄下白，附两条红竖条，数字为7。

图 7-15　第 7 类 Ⅱ 级放射性物质

（3）第 7 类Ⅲ级放射性物质。最大表面辐射水平≥500μSv/hr，但≤2000μSv/hr，标签颜色为上黄下白，附三条红竖条，数字为 7。

图 7-16　第 7 类Ⅲ级放射性物质

（八）第 8 类　腐蚀性物质（Corrosives）

1. 定义

如果发生渗漏情况，由于发生化学反应而能够严重损伤与之接触的生物组织，或严重损坏其他货物及运输工具的物质，称为腐蚀性物质，包括硫酸、硝酸、盐酸、乙酸、氢氧化钠、甲醛等。

很多化学品，往往同时具有腐蚀、易燃、氧化和毒害性质。在对腐蚀性物质作区分时，主要根据腐蚀性所占的主要地位来进行划分，但同时也要充分重视列入腐蚀性物品的其他危险性。

2. 分类

按腐蚀性的强弱、酸碱性及有机物、无机物，腐蚀性物质可分为八类。

第1类，一级无机酸性腐蚀物质。这类物质具有强腐蚀性和酸性。主要是一些具有氧化性的强酸，如硝酸、硫酸、氯磺酸等。还有遇水能生成强酸的物质，如二氧化氮、三氧化硫等。

第2类，一级有机酸性腐蚀物质。具有强腐蚀性及酸性的有机物，如甲酸、氯乙酸、磺酸酰氯、乙酰氯、苯甲酰氯等。

第3类，二级无机酸性腐蚀物质。这类物质主要是氧化性较差的强酸，如盐酸等，以及与水接触能部分生成酸的物质，如四氧化碲。

第4类，二级有机酸性腐蚀物质。主要是一些较弱的有机酸，如乙酸、乙酸酐、丙酸酐等。

第5类，无机碱性腐蚀物质。具有强碱性的无机腐蚀物质，如氢氧化钠、氯氧化钾，以及与水作用能生成碱性物质的腐蚀物质，如氧化钙、硫化钠等。

第6类，有机碱性腐蚀物质。具有碱性的有机腐蚀物质，主要是有机碱金属化合物和胺类，如二乙醇胺、甲胺、甲醇钠等。

第7类，其他无机腐蚀物质，这类物质有漂白粉、三氯化碘、溴化硼等。

第8类，其他有机腐蚀物质，如甲醛、苯酚、氯乙醛、苯酚钠等。

3. 特性

（1）强烈的腐蚀性

这种性质是腐蚀性物质的共性。对人体、设备、建筑物、构筑物、车辆船舶的金属结构都有很大的腐蚀和破坏作用。一般来说，腐蚀品的浓度越高，腐蚀性越强，当浓度低到一定的程度，腐蚀品甚至可以按照普通货物条件办理运输。

（2）氧化性

腐蚀性物质如硝酸、浓硫酸、氯磺酸、过氧化氢、漂白粉等，都是氧化性很强的物质，与还原物或有机物接触时会发生强烈的氧化—还原反应，放出大量的热，容易引起燃烧。当几种腐蚀品混合在一起时，也会使腐蚀作用增大许多。例如，盐酸的腐蚀作用不及硝酸，但是当 1 体积浓硝酸和 3 体积浓盐酸混合成王水时，其腐蚀作用会更加强烈，甚至可以溶解金、铂等金属。

（3）遇水发热性

多种腐蚀性物质遇水会放出大量的热，造成液体四处飞溅，致使人体灼伤。此外，当温度升高时，也会增加腐蚀性物质的反应速度。

（4）毒害性

许多腐蚀性物质不但本身毒性大，而且会产生有毒蒸气，如 SO_2、HF 等。腐蚀性物质接触人的皮肤、眼睛或进入肺部、食道等会对表皮细胞组织产生破坏作用而造成灼伤，灼伤后常引起炎症，甚至造成死亡。固体腐蚀性物质一般直接灼伤表皮，而液体或气体状态的腐蚀性物质会很快进入人体内部器官，如氢氟酸、烟酸、四氧化二氮等。

（5）燃烧性

许多有机腐蚀性物质不仅本身可燃，而且能挥发出易燃蒸气。

4. 标签

第 8 类腐蚀性物质，是指接触生物组织产生严重伤害或在泄漏时损毁其他运输工具的固体或液体。例如，电池电解液、硫酸、氢氧化钾、汞等。其标签为上面白色，下面黑色，图案为腐蚀物体和手掌表面的图形，下方数字为8。

图7-17 第8类腐蚀性物质

（九）第9类 杂项危险物品（Miscellaneous dangerous goods）

1. 定义

杂项危险物品系指不属于任何类别而在航空运输中具有危险性的物质和物品。在航空安全运输领域，包括航空业管制的固体或液体、磁性物品和杂项物质及物品。

2. 分类

（1）磁性材料

为航空运输而包装好的任何物品，如距离其包装件外表面任一点2.1m处的磁场强度不低于0.159A/m（0.002Gs），即为磁性物品。

由于可能影响飞机仪器，尤其是罗盘的工作状态，即使不符合对磁性材料的定义，如汽车、汽车部件、金属栅栏、管子和金属材料等大块的铁磁性金属也应按照经营人的特殊装载要求装载。此外，对那些就单个而论不符合对磁性材料定义，但集装后可能符合的包装件或材料部件也应按照经营人的特殊装载要求装载。

（2）高温物质

运输或交运的温度等于或高于100℃而低于其闪点温度的液体状态的物质，以及温度等于或高于240℃的固态物质（这些物质属于经批准方可运输的危险品）。

（3）危害环境的物质

危害环境的物质，是指满足始发、中转以及目的地主管当局制定的国家或国际标准的物质。

（4）遗传变异的微生物及生物体

遗传变异的微生物及生物体，是指不符合感染性物质的定义，但是能够以非正常自然繁殖方式，改变动植物或微生物的遗传基因的微生物或生物体。

（5）其他限制物品

其他限制物品，是指具有麻醉性、有毒、刺激性或其他可给飞行机组人员造成极端烦躁或不适，致使其不能正常履行职责的物质。注意：符合第 1 至第 8 类标准的物质和物品不包括在本类中。

在运输过程中，常有以下物品：石棉、固体二氧化碳（干冰）、危害环境的物质、救生器材、内燃机、聚合物颗粒、电池作动力的设备或车辆、连二亚硫酸锌等。

3. 标签

（1）第 9 类杂项危险物品的第一种标签包括三类：RMD，在航空运输中会产生危险但不包含在前 8 类中，可能会产生麻醉性、刺激性或其他性质而使旅客感到烦躁或不舒适；颗粒状聚合物 RSB，充满易燃气体或液体，可能放出少量易燃气体；固体二氧化碳（干冰）ICE，固体二氧化碳/干冰温度为 $-79℃$，其升华物比空气沉，在封闭的空间内大量的二氧化碳能造成窒息。此类物质的标签：上面为黑竖条纹，下面白色，下方数字为 9。

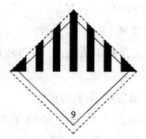

图 7 - 18   第 9 类杂项危险物品

（2）第 9 类磁性物质标签。

图 7 - 19   第 9 类磁性物质

第二节   爆炸装置的识别

【引例】

恐怖邮件炸弹震撼欧美   多国领导人成袭击目标

2010 年 11 月 2 日，希腊雅典当地时间接连发生十余起邮件炸弹恐怖事件，当地气氛十分紧张。多国领导人成为此次袭击目标，引起国际社会高度关注。10 月底，两架经由他国飞往美国的飞机上也发现邮包炸弹。

希腊首都雅典 2 日发现分别送往智利、瑞士、保加利亚、俄罗斯、墨西哥、德国等多国驻希腊大使馆的邮件炸弹。其中，送往俄罗斯和瑞士驻希腊使馆的炸弹发生了爆炸，但没有造成人员伤亡。

邮件炸弹还被寄给德国总理默克尔、法国总统萨科齐及意大利总理贝卢斯科尼。默克尔的办公室于 10 月 31 日收到了炸弹。德国总统府发言人说，炸弹是针对默克尔的，安全人员已经在默克尔办公室内拆除了炸弹，而默克尔本人此时正在国外访问。

寄给萨科齐的邮件炸弹已经被希腊方面拦截，邮件寄出人的落款为希腊副总理潘加洛斯。法国官方尚未对此发表评论。

寄给贝卢斯科尼的邮件炸弹则于当地时间 3 日凌晨送抵意大利。据意大利安莎社的最新消息，炸弹于博洛尼亚机场在被拆除的过程中引发了火灾，尚没有人员伤亡的报告。

路透社等媒体的消息称，寄给默克尔、萨科齐和贝卢斯科尼三人的炸弹相似，安全部门正在对爆炸物进行进一步分析。

希腊各界强烈谴责邮件炸弹袭击事件。各国驻希腊使馆纷纷加强戒备，希腊警方进入高度警戒状态。目前尚无组织和个人宣布对有关事件负责。

2010 年 11 月 3 日 10：21　来源：中国新闻网

问题：

如何对爆炸物品进行识别？

一、爆炸装置的构成

爆炸事件具有巨大破坏力，除了造成人、财、物的严重损失，也会给相关人员乃至整个社会带来极大的心理恐慌。近年来，随着爆炸性安全事件的不断增加，越来越多的公共机构开始把防爆安检作为重要的预防措施。作为安全保卫人员，必须要了解有关爆炸装置的基础知识，并学会探测和识别。

一般的爆炸装置由三部分构成，简称 PIE。

（一）能量源

能量源是能够引发爆炸的开关系统，一般用"P"表示。通常包括以下四种，同时为了保证安全性，需要某种延时装置。

1. 机械式，主要包括弹簧操纵开关或压力操纵开关。

2. 化学式，主要包括酸腐蚀隔离物。

3. 手动式，拔一个拉环。

4. 电子式，一种蓄电池，最常见的是闪光蓄电池。

延时装置包括：时钟；气压计；电子计时器；电池；移动电话。

（二）触发器 I

1. 通常由起爆雷管，涂有颜色的铜或铝制成（导爆索）。

图 7 – 20   导爆索

2. 火柴。

3. 引火物、香烟打火机。

4. 弹药雷管。

图 7 – 21　雷管

5. 圣诞树灯泡。

（三）填充的爆炸物

可能是糊状、凝胶体、树脂状、泡沫状、软塑料或硬塑料状、绳索状、粉末状、块状或圆柱状。

1. 塑性炸药（塑 – 4 炸药）

组分与配比为黑索金：聚异丁烯：二酸二辛酯：45 号变压器油 = 91.5∶2.1∶4.8∶1.6，白色或淡黄色颗粒，密度 1.66g/cm³，爆速 8204m/s，威力 123.2%，可用于装填碎甲弹及用作爆破装药。

图 7 – 22　塑 – 4 炸药

2. 梯恩梯（TNT）

学名 2，4，6 – 三硝基甲苯，常温下不吸湿，爆速为 6856m/s，室温下不挥发，溶于吡啶、丙酮、甲苯、氯仿；微溶于乙醇、四氯化碳、二硫化碳，用于各种炮弹、航弹、手榴弹及工程药包；为淡黄色粉末。

3. 太安（PETN）

学名季戊四醇四硝酸酯，白色结晶，常温下不吸湿，爆速为8600m/s，室温下不挥发，溶于丙酮、乙酸乙酯；微溶于苯、甲苯、甲醇、乙醇、乙醚、环己醇，用于导爆索及传爆药柱。

图 7 - 23　太安炸药

4. 浆状炸药

是由硝酸甲胺、氧化剂、辅助敏化剂、辅助可燃剂、密度调节剂等材料溶解、悬浮于有胶凝剂的水溶液经化学交联制成的凝胶状浆状炸药，常温下无流动性，体系稳定性好，水胶炸药爆速4000m/s，殉爆距离在 9m 左右，储存期六个月。

图 7 - 24　浆状炸药

5. 橡皮炸药

组分与配比为黑索金: 天然橡胶: 硫磺: 氧化锌: 乙基苯基二硫代氨基甲酸锌: 苯基环己基对苯二胺 = 84 : 14.9 : 0.3 : 0.4 : 0.3 : 0.1，灰白色药块，挠曲时柔软而富有弹性，爆速为 7637m/s。

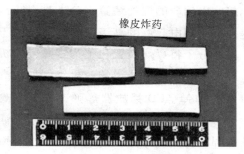

图 7 – 25　橡皮炸药

6. 液体或气体

包括汽油、打火机燃料、丁烷、丙烷、溶剂、酒精等。

7. 肥料（硝酸铵）及糖类等。

二、爆炸物品的外观种类

作为一名安保人员，在识别可疑物品时，要记住 PIE 的各个组成部分，这些物品主要包括炸药、雷管、继爆管、导爆索、非电导爆系统、起爆药、时钟、气压计、电子计时器、蓄电池、移动电话、混凝土爆破剂、黑火药、烟火剂、民用信号弹和烟花爆竹等。例如，1994 年在马尼拉，一枚炸弹在剧场中爆炸，从爆炸中收集的证据包括塑料炸弹的碎片、一块 9V 的蓄电池以及一块 Casio 牌手表。

为了不被发现，犯罪分子会利用各种办法对爆炸装置进行伪装，使爆炸品越来越不容易被识别。为了防止对方拆除炸弹而使用反拆卸、反触动爆炸装置的情况越来越多。为使爆炸物品顺利抵达目标区域，逃避金属探测器和光射线检查仪的检查，国外已出现使用塑性炸药的先例，也有专门针对爆炸物品的喷显检查法设计的引爆爆炸装置，在爆炸装置的表面涂有可与喷显剂发生剧烈反应的物质，以便引起爆炸。现在，伴随着移动电话的出现，又出现了依靠接收电信号的爆炸装置，令人难以防范。在爆炸装置中，特别是一些采用电起爆的高级爆炸装置，由于其中含有许多机电元件，犯罪分子将爆炸装置化整为零藏匿在机械、电子产品当中，具有以假乱真、难以分辨的效果。例如，汽车炸弹、笔记本炸弹、寻呼机炸弹、CD播放器炸弹、电子游戏机炸弹、玩具炸弹、邮件炸弹、收音机炸弹、香烟炸弹、罐头炸弹、照相机炸弹、手电筒炸弹、打火机炸弹、钢笔炸弹、花盆炸弹。有些犯罪分子将塑性炸药制作成衣服、鞋子、箱子内衬、糖果，以逃避安全检查。有的犯罪分子利用安检设备的工作原理或工作盲区，将雷管或爆炸物品藏匿在身体对于安检仪器信号反映最为薄弱的部位，从而使人们对爆炸物更加难以识别。

图 7 - 26　自杀式炸弹装置

此外，随着自杀式恐怖袭击的不断增加，爆炸装置的外观也发生了一些改变。自杀式爆炸袭击者会把炸弹绑在自己的身体上，混迹在人群中实施爆炸来造成轰动效应。恐怖分子使用的炸弹也趋向于威力更强大的爆炸物，并将钉子、金属碎片或残渣、大型铅弹、螺母、螺钉、曲别针混合到炸弹中，以给受害者造成最大伤害。

三、爆炸物品的识别方法

对于爆炸物的识别，一般会有三种检查方法：使用人工检查；使用搜索动物；利用 X 光机以及金属探测器、爆炸物痕迹探测器等。对于安保人员来讲，首先要掌握人工检查方法。

（一）物理使用功能识别方法

对于顾客随身携带的小电器或随身物品，安保人员可以通过让其展示使用功能的方法，进行识别。这些小电器可能包括电脑、ipad、收录机、钟表、剃须刀、手机、电动玩具等。顾客随身携带的物品包括水杯（杯状物）、饮品、化妆品、食品、手杖、衣物等。例如，安保人员可以让顾客打开和关闭电脑、手机、剃须刀等方式进行识别，或者让顾客试用化妆品、食品等，进行防伪检查。

此外，安保人员在检查过程中，尤其要重视顾客有没有携带自制炸药的可能性。如果顾客的行李中，含有多种自制炸药的可疑物品，就要进一步进行核实。这些可疑物品包括可燃烧金属、油类物品、高蛋白物质、淀粉类物质、聚苯乙烯类物质、氧化物、酸碱物质、洗涤用品、化妆品、食品、药品等。

（二）人工检查法

在一般情况下，大多数爆炸案件中的爆炸装置都是由现场群众发现后报案，再由安保人员进行处理的。然而，许多爆炸装置的伪装性很强，如果没有识别出爆炸装置，悲剧就可能发生。所以，在没有爆炸物检查设备或预侦查时，掌握识别爆炸装置的方法显得尤为重要。对爆炸物的外观识别也叫爆炸装置的人工检查，通常是使用一种感观检查方法，即通过眼、耳、手、鼻等感觉器官，对爆炸可疑物或可疑部位进行检查。具体内容包括①：

第一，看。就是利用肉眼观察的方法来判断、识别可疑物品或可疑部位有无暗藏的爆炸装置。安保人员在观察时，要遵循由表及里、由近及远、由上到下的顺序，无一遗漏地观察识别，尤其要判断可疑物品或可疑部位有无暗藏的爆炸装置。安保人员首先要检查有无可疑征兆或改动痕迹；其次在拆卸检查前，要先查明有无反拆装置；最后逐步拆卸并检查。对密封的物品，安保人员可从物品侧面开洞来检查。

第二，摸。安保人员在检查行李、包裹、衣物等物品时，可通过手触摸判断有无异样感觉，如电线、硬物等，以便发现爆炸装置。当手不能触及物体的内部时，安保人员可借助工具做穿刺，凭间接感觉来辅助检查。对包装的薄铁皮或软塑料，安保人员如果发现内装软质固体或液体的，可用手轻轻按压，以感觉是否正常、是否藏匿有其他可疑物品。但是，这种方法很危险，没有把握不可轻易使用。

第三，嗅。一般炸药都有特殊气味，安保人员可用嗅觉判断可疑物品的气味是否与相应的物品相同，是否存在异常气味。例如，黑火药含有硫磺，会放出臭鸡蛋（硫化氢）味；自制硝铵炸药的硝酸铵会分解出明显的氨水味等；黑索金有酸味。

第四，称。安保人员可以用手掂量或称量一下，看其重量与可疑物的原本重量是否相符。这种方法主要用来检查定量包装的物品。

第五，听。安保人员可以用耳倾听有无异常的声响，仔细听有无钟表走动的声音或其他异样声音。

---

① 徐用兵、丛玮：《浅析爆炸装置的识别技术》，载《江西公安专科学校学报》，2003 年 11 月第 6 期，第 82～83 页。

（三）点燃识别法

点燃识别法，是通过燃烧微量的爆炸物品，来判断爆炸成分的方法。其基本要点如下：（1）药量：1 克左右；（2）器材：酒精灯、试管（白纸）；（3）方法：药物放入试管，灼烧试管底部；（4）要点：观察燃烧特征。

1. 梯恩梯的燃烧特征

点燃：如同松香—熔化—缓慢燃烧；

火焰：微带红色，冒黑烟，短线头状黑色烟丝；

气味：味苦；

燃烧结束：黑色油状残渣。

2. 黑火药

点燃：极易点燃，燃速很快，"轰"声，瞬间结束；

火焰：白烟；

烟痕：黑白色斑点；

气味：硫化氢味道。

3. 硝酸铵类炸药

点燃：不易点燃，当明火点燃时，只熔化不燃烧，数量大时缓慢燃烧，但离开火源就熄灭；

烟痕：呈灰白色烟状，烟痕为灰色；

气味：发涩。

4. 硝化甘油类炸药

外观：深褐色胶体；

点燃：易点燃，发黄蓝光，"嘶嘶"声；

燃烧结束：燃烧后留有油状残渣。

5. 黑索金

点燃：易点燃，火焰为炽烈的白色，跳动，伴有"嘶嘶"声；

烟痕：灰黑色；

气味：带酸；

燃烧结束：留有少量黄色残渣。

6. 无烟火药

颜色：淡黄、褐、黑；

形状：条、管、柱、棒、片、粒，中心带孔，孔的数目多为1、7、14；

点燃：易点燃，发黄光，"嘶嘶"声；

燃烧结束：无残渣。

四、爆炸装置安放位置的识别

1. 安放位置的识别

爆炸装置的安放位置可分为明显位置和隐秘位置两类。明显位置，就是把爆炸装置伪装成日常用品或其他不易被人联想到爆炸物品的物品，并放置在显眼的地方。常见的设置部位有门口或附近、室内显眼地方、邮寄包裹、汽车周围、座位上或门拉手上等，待护卫对象移动或打开物品时发生爆炸。例如，在 2001 年 10 月，巴基斯坦首都伊斯兰堡机场发生了一起炸弹袭击未遂事件，有人在候机楼外发现了一个无主手提包。随后，该手提包被转移到偏僻的区域，25 分钟后被引爆。

隐秘位置，包括公共交通工具、办公室或其他场所、建筑内不引人注意的角落、物体内部等，如行李袋、垃圾箱、座位底下、柜子内、楼梯、卫生间、电器内或汽车底盘、后备箱内等。例如，2000 年 7 月，南非开普敦国际机场发生了一起炸弹袭击事件，一个藏在候机楼外垃圾箱中的爆炸装置被引爆，造成两辆汽车严重损坏，整个停车场成为废墟。

安保人员要善于观察，对于显眼地方的不知来历的物品不要贸然去动，对于隐藏在角落或其他隐秘地方的可疑物品也需引起注意。

2. 安放位置线索的识别——观察异常迹象

犯罪分子要安放爆炸装置，总会留下一些蛛丝马迹。安保人员通过仔细观察，会提前发现一些潜在问题，以进行预防。例如，地上泥土松动的痕迹，物品翻动的迹象，墙上的异常痕迹，多尘物体上的手印，大门或柜门的异常打开或关闭，树上的断枝，地上奇怪的脚印，出入口的障碍物，脱落的油漆，地上不明的撒落物，不明物品装有价值大的东西，车上多出的不明物品，比较重的邮件包裹上有污痕、电线等。如果发现这些异常迹象，就应该警觉，以防爆炸装置。

在面对上述可疑物时，安保人员还应注意如下细节：（1）必须把各方面得到的信息综合起来进行考虑，不可单从一个方面就判断是否是爆炸装置；（2）值得怀疑的东西，自己不确定时一定不要去碰，不要抱有侥幸心理；（3）特别怀疑的物品，先报警，再通知周围人远离可疑物或所在建筑。

第三节 化学、生物或放射性武器的识别

【引例】

2002年8月，在某国际机场，一个胡椒水喷雾器向通风系统中释放了胡椒水并造成43人咽喉产生剧烈的灼烧感、不断咳嗽、呼吸困难。很多人眼睛疼痛，无法睁开，暂时失明，并不断流出

大量的眼泪。部分人出现呕吐、腹泻、疲劳、头疼及昏迷症状。事件发生后，该机场中央大厅的所有人员被全部疏散。后发现，该喷雾剂被伪装成一个打火机。

问题：

化学武器的危害有哪些？如何进行识别？

一、化学武器

自从"9·11"事件以后，人们开始更多地关注恐怖分子利用生化武器进行大规模袭击的可能性。在早期，化学武器主要用于战争中。随着工业社会的发展，人们开始生产并使用大量的毒性化学工业品，如氯、酸、液化石油气以及氰化物混合物等，一旦发生事故，后果不堪设想。此外，通过分别购买相应的化学品，恐怖分子可以自己制造化学武器。例如，恐怖分子可以通过互联网向几个著名的化学品供应商发出订单，第二天就会收到所有制造化学武器的原料。只需几百元的费用，他们就可能制造出280克的沙林毒气，或者是相同数量的甲氟磷酸异己酯。在封闭的带有通风系统的环境下，280克沙林毒气就可以杀死成百上千人。鉴于生化武器所产生的巨大杀伤力和恐怖效应，许多恐怖分子开始接受使用培训，通过发动自杀炸弹袭击或利用化学或生物武器，来制造最为可怕的罪行。因此，作为安保人员，要掌握当前生化武器的发展动态，提前预防，尽早识别，以减少人员伤亡。

1. 化学武器的定义

化学武器素有"无声杀手"之称，以毒害作用杀伤人员、牲畜并毁坏植物的有毒物质叫毒剂。装有并能释放毒剂的武器、运输工具总称为化学武器，装有毒剂的炮弹、炸弹、火箭弹、导弹、飞机布洒器、地雷等可用相应的运载工具发射、投掷、布洒。

2. 危险武器的特征

（1）杀伤途径多。毒剂可通过呼吸、皮肤接触、食物使人中毒。

（2）作用时间长。毒剂的毒害作用可持续几分钟、几小时，甚至几天、几十天。

（3）杀伤范围广。毒剂可呈气、烟、雾信液态施放，毒雾随风扩散，无孔不入，广泛传播。

（4）杀伤力强。空气中含量达 0.0001g/L，人吸入后一分钟内立刻死亡。

3. 化学武器的分类

化学武器的分类标准有很多种，内容如下：

按杀伤作用持续时间分类，可分为：（1）暂时性毒剂，是指主要造成空气染毒的毒剂，其杀伤作用持续时间比较短，只有几分钟至十几分钟，如沙林、氢氰酸、光气、BZ 等；（2）持久性毒剂，是指主要以毒剂液滴造成人员、地面、物体、水源等染毒的毒剂，其杀伤作用可长达数小时、数天或数十天，如芥子气、路易氏气、VX。

按杀伤作用的速度分类，可分为：（1）速效性毒剂，这类毒剂能使人很快出现中毒症状，战斗中能使对方人员迅速致死或暂时失能而丧失战斗力，如沙林、氢氰酸、CS；（2）非速效性（延缓性）毒剂，这类毒剂中毒症状通常在一至数小时后才能出现，经过一定的潜伏期，才能影响对方人员的战斗力，如芥子气、路易氏气。

按照状态分类，可分为蒸气状、雾状、烟状、液滴状和微粉状五种。毒剂以雾状和烟状分散在空气中，可形成毒剂气溶胶。最终构成了化学武器对人员的三种伤害形式：（1）毒剂初生云。指化学武器使用后直接形成的毒剂蒸气或气溶胶云团。（2）毒剂液滴。指化学武器使用后，分散在地面、物体上的毒剂液滴。（3）毒剂再生云。指由毒剂液滴自然蒸发出的蒸气形成的毒剂云团。

按照毒剂进入人体的途径，可分三种：吸入中毒、接触中毒和误食中毒。

毒剂可通过呼吸道、眼睛、皮肤、伤口、消化道，使机体中毒。不同的中毒途径对人员的伤害程度有很大差别，通常同一种毒剂在不同的中毒途径条件下，对人员伤害严重程度的顺序是：呼吸道大于眼睛，伤口大于消化道，消化道大于皮肤。

4. 化学性毒剂的种类和性能

（1）神经性毒剂

神经性毒剂为有机磷酸酯类衍生物，分为 G 类和 V 类神经毒剂。G 类神经毒是指甲氟磷酸烷酯或二烷氨基氰磷酸烷酯类毒剂，主要代表物有塔崩、沙林、梭曼。V 类神经毒是指 S - 二烷氨基乙基甲基硫代磷酸烷酯类毒剂，主要代表物有维埃克斯（VX）。

神经性毒剂，通过吸入、皮肤渗透或误食，使神经系统中毒。其中毒机理是调节神经系统的酶，使神经运动紊乱、疲惫乃至抽搐。在神经性制剂的作用下，人体通常会出现多种症状，如突然的头痛、视力模糊、呼吸困难、痛苦、心跳缓慢、肌肉酸痛、虚弱、痉挛、流涎出汗、流鼻涕、胸闷、抽搐、恶心、瞳孔缩小、胃痉挛和皮肤颤搐等。农药甲胺磷、敌敌畏等神经性农药，中毒症状与上述相同。

神经性制剂可以通过气味和外观进行识别。例如，沙林毒气闻起来像苹果香味，梭曼闻起来像樟脑气味，有的毒剂闻起来像新鲜的干草或青谷物气味。从外观上看，一小滴的神经性制剂看起来像蜂蜜或浓果汁。其中，沙林为无色水样液体，溶于水，易挥发；梭曼为无色水样液体，溶于水，易挥发；维埃克斯为无色、无臭、油状液体，不溶于水，难挥发。

（2）糜烂性毒剂

糜烂性毒剂主要通过呼吸道、皮肤、眼睛等侵入人体，破坏肌体组织细胞，造成呼吸道黏膜坏死性炎症、皮肤糜烂、眼睛刺痛畏光甚至失明等。这类毒剂渗透力强，中毒后需长期治疗才能痊愈。抗日战争期间，侵华日军先后在我国 13 个省 78 个地区使用化学毒剂 2000 次，其中大部分是芥子气。

糜烂性毒剂包括大家都熟知的"芥子"或"芥子毒气"的混合物。其他腐烂性毒剂包括硫芥子毒气（HD）、氮芥（FIN）以及路易氏毒气。路易氏毒气与芥子毒气不同，当它与皮肤接触时，会立即出现疼痛现象，鼻子发炎、打喷嚏以及刺激性气味是存在路易氏毒气的早期征兆。

硫芥子毒气（HD）的气味闻起来像洋葱、大蒜或芥末的味道，呈浅黄色或咖啡色，以蒸气或液体形式存在，可以通过眼睛、皮肤或黏膜被吸收。HD 首先会腐蚀与其接触的组织，造成类似于烧伤的皮肤伤害，并对肺和眼睛有损害。其气体可以导致失明、肺部疾病（支气管肺炎）、破坏内脏、昏迷、伤痕及脓包。

（3）窒息性毒剂

窒息性毒剂是指损害呼吸器官，引起急性中毒性肺气而造成窒息的一类毒剂，代表物有光气、氯气、双光气等。

光气（$COCl_2$）常温下为无色气体，有烂干草或烂苹果味，难溶于水，易溶于有机溶剂。质量大约比空气重 3 倍，光气像白色烟雾一样附着在地面上，涌向并在低洼地带聚集。中毒症状分为 4 期：刺激反应期；潜伏期；再发期；恢复期。光气中毒会引发肺部水肿，最终导致窒息；中毒的全部反应直到感染了 4～6

小时后才会出现，常见症状包括疼痛、严重的咳嗽、口吐白沫、胸部不适以及呼吸困难等。在高浓度光气中，中毒者在几分钟内由于反射性呼吸、心跳停止而死亡。

氯气，是一种带有刺激性气味的黄绿色气体。密度大于空气，与多数有机化合物剧烈反应，引起大火和爆炸危险。其危害作用表现在：腐蚀眼睛，引起疼痛、视力模糊和烧伤；吸入可能引起呼吸困难和肺部水肿；中毒严重时，可以造成死亡。

（4）全身中毒性毒剂

全身中毒性毒剂是一类破坏人体组织细胞氧化功能，引起组织急性缺氧的毒剂。主要代表物有氢氰酸、氯化氢等。恐怖分子曾经在水源和食物中使用过氰化钾。

氰化氢（AC），是极其易燃的无色气体或液体，在大火中释放出毒雾并且具有高爆炸性。其危害作用表现为：刺激眼睛、皮肤及呼吸道，引起皮肤和眼睛的灼热感；吸入引起头晕、瞌睡、呼吸急促并最终导致窒息；影响中枢神经系统，导致呼吸和血液循环功能下降。例如，在1995年5月，在遭受沙林毒气事件仅两个月后，在东京地铁站里，有人试图在卫生间内制造和释放氰化氢气体，而该卫生间的通风系统通向站台。

氢氰酸（HCN）是氰化氢的水溶液，有苦杏仁味，可与水及有机物混溶，战争使用状态为蒸气状，主要通过呼吸道吸入中毒。其中毒症状表现为：恶心呕吐、头痛抽风、瞳孔散大、呼吸困难等，重者可迅速死亡。

（5）失能性毒剂

失能性毒剂是一类暂时使人的思维和运动机能发生障碍从而丧失战斗力的化学毒剂，该毒剂会导致人的中枢神经系统功能明显降低，但不会危及生命或造成永久性损伤。代表物是毕兹

（BZ），该毒剂为无嗅、白色或淡黄色结晶，不溶于水，微溶于乙醇，主要通过呼吸道吸入中毒。中毒症状有：瞳孔散大、头痛幻觉、思维减慢、焦虑、幻想、反应呆痴等。

（6）刺激性毒剂

刺激性毒剂是一类刺激眼睛和上呼吸道的毒剂。按毒性作用分为催泪性和喷嚏性毒剂两类。催泪性毒剂主要有氯苯乙酮（CN）、西埃斯（CS）。喷嚏性毒剂主要有亚当氏气。刺激性毒剂作用迅速强烈，中毒后，出现眼痛流泪、咳嗽喷嚏等症状，但通常无致死的危险。

CN又称梅斯毒气，是一种固体，其微小的粉碎性固体颗粒可以完全吸附在特殊液体载体中，并以喷剂的形式随着喷出的液体一起扩散。液体迅速蒸发后，其颗粒物留在空气中或物体表面上，并与接触物发生化学反应，可以引起皮肤区域剧烈的疼痛和发炎。CN和CS均可作用于泪腺，都可以造成呼吸困难，但CS的效果更加剧烈，并会引起严重的黏液分泌。

CS具有极高的易燃性，几乎不溶于水，微溶于酒精和四氯化碳，极具污染性，清除非常困难。CN和CS的有效率为60%，只有在使用一分钟后才可生效，不会影响醉酒、吸毒或精神病人。

OC，又称胡椒水喷剂，是从辣椒或哈巴涅拉胡椒粉中提取出来的油性树脂，能够引发炎症。OC侵入眼睛会立即引发疼痛，并导致暂时性的失明。吸入OC气体会在鼻子、嘴及喉咙内产生剧烈的灼烧感，并同时伴有肿胀和呼吸困难。其他症状还包括剧烈咳嗽、哮喘、流鼻涕、呕吐、腹泻、疲劳、头疼及昏迷等。

（7）其他类别的普通化学药品

一些普通化学药品可以被用来破坏或伤害视力，影响呼吸，破坏或伤害皮肤，从而削弱对方的自卫能力和反击能力。同时，因为其价格低廉且容易获得，常被犯罪分子利用。例如，在 9 月 11 日，恐怖分子曾利用含有染发剂的小型塑料喷雾瓶，将化学药品喷到受害者的眼睛中，使其丧失辨别危险的能力。常见的普通化学药品包括：酸性物质，如盐酸、蓄电池用的硫酸以及柑橘酸（柠檬、酸橙、柚子汁）；腐蚀性液体，包括漂白剂、染发剂、洗涤剂、烤箱清洁剂等。

综上所述，安保人员在工作时，如果暴露在任何一种毒剂或化学品的污染中，都会引发安全危机。因此，安保人员需要学会识别并有效处理化学毒剂的知识，以减少人员伤亡。

二、生物武器

1. 定义

生物武器曾被称作"细菌武器"，是指以生物制剂杀伤有生力量和毁坏植物的各种武器、器材的总称。包括致病微生物以及由此类微生物产生的传染性物质。它是构成生物武器杀伤力的决定因素和基础，包括装有生物战剂的炮弹、航弹、火箭弹和航空布洒器、喷雾器等。

在当代，生物武器的研究约有 100 年的历史，共分为三个阶段：第一阶段，20 世纪初至第一次世界大战结束，指的是利用传染病毒进行的细菌战。主要研制者是德国。研制的生物武器仅是几种人畜共患的致病细菌，如炭疽杆菌、鼠疫杆菌等；其生产规模小，施放方法简单，主要由间谍秘密污染水源、食物或饲料。第二阶段，20 世纪 30 至 70 年代，指的是利用人工技术培养病菌进行的生物战。随着第二次世界大战的到来，生物武器的发展特点表现为种类增多、生产规模扩大。主要施放方式为利用飞机播撒带有生物制剂的媒介物，该时期是历史上生物武器使用最多的年代。第三阶段始于 20 世纪 70 年代中期，其特征是生物技术迅速发展，特别是 DNA 重组技术的广泛应用，使生物武器进入"基因武器"阶段。

2. 生物武器的特征

（1）致病力强，多数具有传染性

某些生物战剂只要少数病菌侵入人体，就能引发疾病；某些生物战剂，如鼠疫杆菌等，有很强的传染性。在缺乏防护、人员密集、平时卫生条件差的地区，极易传播、蔓延，引起传染病流行。

（2）污染面广

生物制剂受自然条件影响较大，有传染性，又可随风飘散，在气象、地形条件适宜时，可造成大面积污染。生物制剂的危害时间长。直接喷洒的生物气溶胶，可随风飘到较远的地区，杀伤范围可达数百至数千平方公里。在适当条件下，有些生物战剂存活时间长，不易被侦察发现。例如，炭疽芽孢具有很强的生命力，可数十年不死，即使已经死亡多年的朽尸，也可成为传染源，其芽孢可以在土壤中存活 40 年之久，极难根除。

（3）不易被发现

生物制剂的传播途径广泛，可通过气溶胶、牲畜、植物、信件等多种形式释放传播，只要把 100 公斤的炭疽芽孢经飞机、导弹、鼠携带等方式释放散播在一个大城市，就会危及 300 万市民的生命。生物制剂气溶胶无色、无味，加之敌人多在黄昏、夜间、拂晓、多雾时秘密施放，所投昆虫、动物容易和当地原有昆虫混淆，不易被人发现。

（4）传染途径多，有生物专一性

生物武器只能伤害人畜和农作物等生物，而不破坏武器装备、建筑物等物体，适用于破坏不拟破坏的目标区。生物制剂可通过多种途径使人感染发病，如经口食入、经呼吸道吸入、昆虫叮咬、污染伤口、皮肤接触、黏膜感染等。

（5）没有立即杀伤作用

生物制剂进入人体后，到发病均有一段潜伏期，必须经过若干小时或数天后方能发病。在此期间若采取措施，可减轻其危害。

（6）受自然条件影响较大

易受气象、地形等多种因素的影响，烈日、雨雪、大风均能影响生物武器作用的发挥。生物武器使用时难以控制，使用不当可危及使用者本身。

3. 生物武器的分类

第一类是细菌，包括炭疽杆菌、鼠疫杆菌、霍乱弧菌、马鼻疽杆菌、野兔热杆菌、布鲁氏杆菌、军团杆菌等；第二类是病毒，包括黄热病毒、委内瑞拉马脑炎病毒、天花病毒、森林脑炎病毒、登革热病毒、拉沙热病毒、裂谷热病毒等；第三类是立克次体，如斑疹伤寒立克次体等；第四类是衣原体，如鸟疫（鹦鹉热）衣原体等；第五类是毒素，如肉毒杆菌毒素、葡萄球菌肠毒素等；第六类是真菌，如粗球孢子菌、荚膜组织胞浆菌等。目前，生物武器已发展到 6 类 28 种，但是，最能引起恐怖的 4 种生物制剂是炭疽、天花、瘟疫和肉毒杆菌毒素。

（1）炭疽杆菌

炭疽杆菌是人类历史上第一个被证实引起疾病的细菌，也是具有悠久历史的一种生物武器。在恐怖分子可能利用的所有潜在生物制剂中，炭疽杆菌最容易获得。炭疽杆菌感染所引起的炭疽是一种人兽共患传染病，目前还没有人与人之间接触传播炭疽的证据，主要是通过直接或间接接触病畜而感染，也可由吸血昆虫叮咬感染。炭疽杆菌释放炭疽毒素，造成患者严重休克和死亡。人感染炭疽的渠道有三种：皮肤渗透、呼吸和饮食，引起皮肤型、肺型和胃肠型炭疽病。炭疽杆菌是无色、无味的，并且释放后不能被看见。可以用常规的商用实验设备大批培养，芽孢形成后可制成白色或浅褐色粉末。恐怖分子如果只想感染一小批人，将芽孢撒在信封里即可。近几年来，恐怖分子利用邮件进行愚弄和恐怖威胁的比例在不断增加。当人们打开邮件后，会出现各种疾病，症状包括从一般的皮肤刺激到头疼和恶心。

根据感染方式的不同，炭疽热的发病症状也会有所差异。皮肤炭疽热的症状主要表现为皮肤的溃烂，这种溃烂没有疼痛感，直径达 1~3 厘米，中心呈黑色，同时，临近区域可出现肿胀症状；吸入性炭疽热的死亡率较高，可能会表现为呕吐、反胃、腹痛、疼痛、低烧、发冷、咳嗽以及呼吸急促等症状；胃肠性炭疽热是因为吃了被细菌感染的、没有做熟的肉类所引起，主要症状是厌食、呕吐、严重的腹泻、发烧并伴有腹部疼痛。

（2）天花

天花病毒最初出现在古埃及，后来逐渐扩散到世界各地。天花病毒主要通过空气传播。天花是被人类消灭的疾病之一。现在重新引起人们的注意，是因为在美国陷入炭疽恐慌之后，一些科学家警告致命性更强的天花有可能在全球范围内爆发。恐怖分子可能利用天花作为生物武器使用。而且，传播天花病毒也非常容易，只要将病毒放入喷洒雾剂的小容器中喷洒即可。用这种方法，在封闭的场合，如在地铁或国家机场内喷洒，能造成极大的传染范围。两周后，受传染者便会出现发烧、疼痛等非典型症状，等到确诊时，许多人早已被传染。

天花的传染性没有像麻疹、水痘或流感那么强，长时间停留在距患者 6 英尺内才能感染疾病，也可以通过被感染的衣物或被褥蔓延。患者到第 18 天之后，开始具有传染性，出现发烧、疲劳、呕吐等，后期的天花病人在四肢和躯干处会出现小肿块，并慢慢形成充满液体的小脓包。

（3）瘟疫

鼠疫是瘟疫中最为常见的一种，具有典型的自然源性。人兽共患病，临床上有腺鼠疫、肺鼠疫、败血性鼠疫等型。其主要症状表现为：起病急、高热、寒颤、哮喘及呼吸急促、咳嗽中带血、呕吐、极度的疲劳感、淋巴结肿胀及剧烈疼痛、毒血症候群等，病程短，病死率高。

（4）肉毒杆菌毒素

肉毒杆菌毒素是已知毒性最强的细菌性毒素中的一种，也可以算作最具威胁的恐怖生物毒素。肉毒杆菌毒素中毒的途径一是经"口"，二是通过呼吸道，最终因呼吸麻痹而死亡。肉毒杆菌毒素的毒性虽高，但在实际使用中，由于它在空气中很快失活，故其杀伤力仅与神经性毒剂相当。

【思考题】

1. 危险品共分为几大类，具体包括哪些项？
2. 如何识别危险品的标签？
3. 爆炸装置由哪几部分构成？
4. 如何识别爆炸线索？
5. 生物武器的特征有哪些？

【参考文献】

1. 肖瑞萍编著：《民用航空危险品运输》，科学出版社，2013

年版。

2. 王益友主编：《航空危险品运输》，化学工业出版社，2012年版。

3. 张少岩编：《危险化学品包装》，化学工业出版社，2005年版。

4. 李世聪：《浅谈爆炸威胁及其安全处置》，载《中国人民公安大学学报》，2002年第3期。

5. 王新建：《反恐活动中的若干爆炸问题研究》，载《中国人民公安大学学报》（自然科学版），2006年第4期。

6. 张莉编著：《机场危险品与爆炸安全处置》，中国民航出版社，2010年版。

第八章　危险品的处置

　　危险品处置的各个环节，都要严格按照相关规定来执行。一旦危险品包装破损、内装物品散失，可能发生撒漏、火灾等事故，造成人员伤亡或财产损失。因此，任何与危险品运输有关、严重威胁人员安全的事件，都被认为构成了危险品事故。在发生事故后，安保人员要采取有关措施，尽量把危害、损失控制在最低限度内。

【学习目标】

1. 掌握危险品操作的基本原则；
2. 掌握危险品事故的应急响应程序；
3. 掌握不同类型危险品的事故处理措施。

第一节　危险品操作的基本原则

【引例】

印度博帕尔惨案

　　1984 年 12 月 3 日，印度博帕尔农药厂甲基异氰酸酯泄漏，当时死亡 3800 余人，5 万人双目失明，20 万人流离失所。

零点刚过，储存 45 吨甲基异氰酸酯的 3#储罐温度迅速升高，操作工试图手动减压（自动已坏），未成功，立即报告工长，随后，4 名工人头戴防毒面具进入现场处理仍未成功，温度仍在上升，这意味着罐内液体在气化，在班的 120 名工人惊恐万状，抛下工作各奔家中。只有一名叫撒吉尔·阿哈迈德的工人仍在孤军奋战。他拉响了警报，但晚了，几乎与此同时，惊天动地一声巨响，3#阀门断裂，一股乳白色烟雾直冲天空。1 小时后，博帕尔市政当局从巴哈拉特重型电气有限公司派来技术人员，他们成功地封闭了 3#储罐，但馆内甲基异氰酸酯已泄漏 25 吨，酿成了人类历史上最惨重的工业生产事故。

博帕尔泄毒事故之所以造成如此大的灾难，其中一个重要的原因是居民缺乏安全逃生的知识。在事故发生后，他们所要做的是用一块湿布捂住脸和嘴巴，通过湿布呼吸就可以大大减轻伤害。但是，由于缺乏事先的宣传指导和急救措施，大多数人选择冲到外面，仓促逃离，导致人员的大量死亡和受伤。

思考题：

1. 危险品操作应该注意哪些原则？
2. 一旦发生危险品事故，该采取哪些应急措施？

安保人员在对危险品的操作进行管理时，要遵循以下原则。

一、预先检查原则

预先检查原则指的是操作工人在对包装件进行收运、入库、装箱之前，预先做好准备工作，必须由具体的负责人进行认真的检查。例如，在装卸搬运化学危险物品前，要了解物品性质，检查装卸搬运的工具是否牢固，不牢固的应予更换或修理，如工具上曾被易燃物、有机物、酸、碱等污染的，必须清洗后方可使用。同时，要检查包装件的文件是否符合相关要求，包装件是否存在泄漏或破损等。如果发现可疑情况，应该马上采取安全措施，禁止装载危险物品。

检查标准如下：

（1）包装件的文字标记清楚、正确。

（2）包装件上的危险性标签和操作标签正确无误，且粘贴牢固，粘贴位置符合相关标准。一旦发现标签脱落、模糊不清或遗失等，相关工作人员必须按照危险品申报单标注的标签重新粘贴正确、完整。

二、轻拿轻放原则

轻拿轻放原则指的是在人工操作或机械操作过程中，在搬运或装载危险品包装件时，都必须要轻拿轻放，切忌撞击、摩擦、震动、摔碰。例如，对于液体铁桶包装卸垛，不宜用快速溜放办法，防止包装破损；对破损包装可以修理的，必须移至安全地点，整修后再搬运，整修时不得使用可能发生火花的工具；参加作业的人员不得穿带有铁钉的鞋子，以免损坏包装件；禁止滚动铁桶，不得踩踏化学危险物品及其包装件（指爆炸品）；装车时，必须力求稳固，不得堆装过高，如氯酸钾（钠）车后亦不准带拖车，装卸搬运一般宜在白天进行，并避免日晒。

三、请勿倒置原则

有的危险品操作标签上贴有向上的标志，意味着在整个操作过程中，这种类型的危险品都应始终保持直立向上，以免发生挥发、泄漏或其他物理、化学反应。因此，作业人员在搬运、存储、装载的全部过程中，必须严格按照操作规程进行，使包装件一直保持直立向上。如果发现倒置或放置方向不符合标签说明的包装件，岗位负责人有权拒绝接收。例如，装载硝酸的包装件的操作标签是禁止倒置，防止硝酸挥发，如果操作人员发现该包装件倒置堆放，不得进行接收。

四、隔离原则

隔离原则指的是在一系列的操作过程中，为保证人员的安全以及危险物品包装件的完好，操作人和危险品之间、不同类别的危险品之间以及危险品与其他非危险物之间，要采用隔离措施。首先，操作人员应根据不同物资的危险特性，分别穿戴相应适合的防护用具，工作时对毒害、腐蚀、放射性等物品更应加强注意。装卸、搬运强酸性和放射性物品时，不得肩扛、背负或揽抱，并尽量减少人体与物品包装的接触。同时，工作人员要穿戴防护用具，减少安全隐患。防护用具包括工作服、橡皮围裙、橡皮袖罩、橡皮手套、长筒胶靴、防毒面具、滤毒口罩、纱口罩、纱手套和护目镜等。其次，对于两种性能互相抵触的物品，不得同地装卸或进行运输。

五、固定货物、防止滑动原则

固定货物、防止滑动原则，是指装载人员应将危险品进行固定，采用防滑措施，以免滑动或倾倒，酿成事故。

第二节 危险品事件的一般应急响应程序

危险品事故主要包括发现爆炸物等危险品事件以及危险品泄

漏事件。其中，危险品泄漏事件，是指具有污染性、放射性的危险品包装件，因在操作过程中包装不严、破损、颠簸、释压等原因，造成危险物质泄漏、挥发，从而使相关人员出现身体不适、昏迷或其他不良症状，以及对运输设备造成大面积污染，损害运输安全的事件。发现爆炸物或受到爆炸物威胁事件，是指工作人员发现可疑爆炸物，或者从可疑人那里获得爆炸威胁信息，从而使公共安全受到严重威胁的事件。

一、危险品泄漏事件的应急响应程序

1. 报告

当发生危险品事故和事件时，相关责任人必须按照突发事故预案中的报告要求和程序，通知相应的主管人员，及时获得帮助。发生危险品事故后，安全保卫人员要及时与公安部门、消防部门取得联系，说明事件的地点、现场情况、危险物品特性、可用消防器材等情况，请求支援。

例如，如果飞机上发生危险品泄漏事故，航空器的运营人在报告中，必须将机长通知单上的信息提供给机载危险品事故或严重事件应急服务机构。同时，必须尽快向所在国家的主管当局以及危险品事件所在国主管当局报告。其中报告的信息包括运营人的信息、事故发生时间、事故发生当地时间、航班日期、航班号、机型、始发站、目的站、飞机注册号、事故发生地点、货物来自哪里、事故发生经过、危险品运输专用名称、ID号、危险品的类别、次要危险性、包装等级、放射性等级、包装类型、规格包装标记、件数、重量等。在飞机上的乘务人员，则要遵循机上灭火或消除烟雾的应急处理措施，首先报告给机长。机组人员则要根据危险品应急相应措施代码的要求，进行报告，尽可能同时报告航管中心机上所承载的危险品。

2. 识别危险品

在确保安全的前提下，相关责任人要查明有无危险物品以及危险品的类别、数量等信息，同时还应对危险品造成的危害程度进行评估，包括对运输工具和周围的污染情况、是否导致运输工具失效、事件是否得到了初步处理和控制等。

3. 隔离和疏散，尽量减少伤害

如果遇到危险品泄漏或包装破损，相关工作人员的一般处理程序为：（1）避免接触危险品，相关人员要提取应急处理箱或收集其他有用的物品，根据相应的防护等级标准，佩戴相应的防化服、防护服和防护面具等。具体包括橡胶手套、防护面罩、正压式空气呼吸器或全防型滤毒罐、全棉防静电内外衣等；（2）在保证安全的前提下，通过将其他包装件或财产移开的方式来隔离该危险品，同时，还要将周围旅客从事故区撤离，并向其发放湿毛巾或湿布；（3）如果危险品溢出或泄漏，在确保安全的情况下，相关人员要将危险品放在聚乙烯袋子中，把受到影响的设备当作危险品处理，用相应材料覆盖溢出物，并经常检查被隔离放置的物品及被污染的设备；（4）如果身体或衣服接触到危险品，要用大量的水冲洗身体，脱掉被污染的衣服，不要吃东西或抽烟，手不要与眼睛、嘴和鼻子相接触。

4. 划定保护区，协助其他部门工作

安全保卫人员要尽快用绳索等明显标志，划定临时警戒区域并进行警戒，同时，也要配合公安部门、交通部门疏导周围交通，引导救援车辆通行。对救援出来的贵重物品要及时清点，并派专门人员进行清点，同时要对物品进行检查，防止失火或泄漏发生。对于受伤的人员，要及时寻求医疗帮助等。

建立警戒区时，要注意以下事项：（1）警示标志明显，并有专人警戒；（2）严禁除消防、应急处理人员以及必须坚守岗位的人员外的人员进入警戒区，泄漏溢出的化学品为易燃品时，警戒区域内应严禁火种；（3）根据危险程度，围绕事故现场划分危险区域。

5. 做好泄漏处理

化学品泄漏后，不仅污染环境，对人体造成伤害，如遇可燃物，还有引发火灾、爆炸的可能性，因此要进行泄漏源控制和泄漏物处理。对现场的泄漏物要及时进行覆盖、收容、稀释、处理，使泄漏物得到安全可靠的处置，防止发生二次事故。

6. 火灾控制

危险化学品容易发生火灾、爆炸事故。化学品本身及其燃烧产物大多具有较强的毒害性和腐蚀性，极易造成人员中毒、灼伤。同时，由于不同化学品所要求的灭火器材和扑救办法不同，若处置不当，反而会进一步扩大灾情。因此，安保人员要根据化学品的主要危险特性及其相应的灭火措施，来控制火灾。

如果危险品发生火灾，相关人员要依照灭火或清除烟雾的应急处理措施和危险事故应急处理措施，启用标准灭火或清除烟雾的程序。例如，航空器的机组人员如果发现机上起火或有烟雾时，应该：（1）开启"禁烟"指示灯；（2）考虑尽快着陆；（3）考虑关闭所有非必要部件的电源；（4）确定烟雾、火焰和浓烟的根源；（5）确定危险品应急相应措施代码；（6）如有可能，通知航管中心机上所载有的危险品等。

7. 现场急救

化学品事故对人体造成的伤害很大，主要包括烧伤、化学灼伤、冻伤、窒息和中毒等。在进行急救时，不论患者还是救援人员都要进行必要的防护，救援器材要具有防爆功能，防止发生继发损害。急救小组至少应为 2～3 人，以便相互照应。

8. 做好相关记录

安保人员应对事故中所涉及的人员做好记录，在应急记录表中做好相应记录。

二、发现爆炸物或受到爆炸威胁时的应急处理程序

1. 报告

任何部门和个人接到有爆炸物的信息后，要提高警觉意识，坚持宁信其有原则，应立即报告应急指挥中心。

2. 尽可能获取证据

安保人员接到爆炸威胁电话，要尽可能地收集信息，以利于随后的排爆和缉拿罪犯工作，要尽量做到以下几点[①]：

第一，尽可能延长与打电话者通话的时间，请其复述有关内容，并将他所说的每一句话录制下来，尽可能获取相关信息。如果打电话者没有指明炸弹安放的地点以及可能的爆炸时间，不妨耐心询问，可以采用诱导的方式确认炸弹的位置、安放炸弹的原因、炸弹将要爆炸的时间、炸弹的形状和种类、炸弹的爆炸机制、是否是报案者安放的炸弹等。

第二，留意讲话者的个人特征，具体包括：声音特征，如口音、平静程度、口吃、窃笑、重音、伪装、慢速、鼻音、诚恳、哭泣、喊叫、愤怒、干脆、自言自语、嘶声、快速、兴奋、正常等；背景声音，如街道噪声、他人的说话声、音乐声等；仔细分析讲话者的声音，以判断性别和籍贯。

---

① 李世聪：《浅谈爆炸威胁及其安全处置》，载《中国人民公安大学学报》，2002 年第 3 期，第 82～83 页。

3. 严禁盲目排爆

在任何情况下，任何非专业人员不要碰触、移动被认为是爆炸物品的可疑物。随着科学技术的发展，爆炸犯罪手段越来越智能化，犯罪分子为防止拆除炸弹而使用反拆卸、反触动爆炸装置的情况越来越多。在没有完全搞清爆炸装置的种类和内部结构之前，任何人都不要轻易触动爆炸可疑物，而应报告上级，由专业人员来完成爆炸物的检查和排除工作。

4. 疏散周围人员

当发现爆炸威胁后，安保人员要尽量使相关人员远离该可疑物品，同时应避免引起人群的恐慌。如果航空器上发现爆炸物，要选择就近的合适备降机场降落，尽可能争取在地面处理。

5. 做好相关记录

在处理可疑爆炸物或接到爆炸威胁电话时，相关人员要完成炸弹威胁处理清单记录和事故报告，并进行报告和备案。例如，在电话炸弹威胁清单上，需要记录：（1）打电话的日期和时间；（2）打电话的确切用词，要注意说话声音是明显在念还是没有准备的，电话是否是从投币公用电话打来的；（3）有关炸弹的详细信息，包括放置炸弹的地点、引爆时间、爆炸动机；（4）打电话者的个人特征，包括性别、年龄、方言、精神状态（是否喝醉了或是否在傻笑等）；（5）打电话者的背景环境，包括音乐、车辆噪声等。

第三节　危险品事故处理的具体措施

危险品在操作过程中，发生事故的原因有两个方面：一方面是由于托运人在申报单的填写、危险品包装、标记和标签、装载和存储过程中，违反了相关规定；另一方面是运营人在收运、存储、装载、检查、报告、保存记录以及培训中，进行了违章操作。由此引发包装破损、内装物品散失、撒漏，发生爆炸、火灾、中毒、污染等事故，造成人员伤亡或财产损失。当事故出现后，相关人员应该在确保安全的前提下，采取有效措施，根据危险品的种类、数量、性质以及现场具备的消防器材，进行现场处置，尽可能将危险品包装件抢运到安全距离之外或进行销毁等。

一、第 1 类爆炸性物品的处理

（一）破损包装件的处理

安保人员如果发现爆炸物包装件破损，应该禁止装运。如果已经装运的，则必须立即卸下，认真检查同一批货物的其他包装件有无污染。相关人员要及时将破损的包装件转移至安全地点，通知有关部门进行事故调查和处理，同时通知托运人和运营人。在破损包装件附近要严禁烟火。

（二）撒漏的处理

当危险品的运送作业已经完成，安保人员如果发现在货仓、车厢或仓库内留有危险品的残留物，要及时用水润湿，撒以锯末或棉絮等松软物品，轻轻收集后并保持一定湿度，报告消防人员或公安部门进行处理。

（三）灭火的处理

安保人员要根据不同爆炸品指定的灭火器种类，选择相应的灭火措施。例如，对于 1.4 项的爆炸品包装件，除了含卤素灭火剂的灭火器之外，可以使用其他任何灭火器。对于 1.4S 配装组以外的 1.4 项爆炸物品，外部明火难以引起包装件内物品的瞬时爆炸。

（四）发现爆炸装置的处理

对于极具危险的爆炸装置，如对于设置在爆炸目标上，保险装置已被取下、起爆方式不明，带有自由触点和震发式装置，处于待发火状态下的爆炸装置，安保人员要做到：（1）疏散处于危险范围的人员；（2）转移贵重物品；（3）切断现场的水、电、气及其他火源；（4）转移现场的易燃、易爆、有毒和放射性物品；（5）对于无线遥控炸弹，要采取有效的屏蔽措施；（6）消防、抢修人员做好准备；（7）采用适当的排爆措施。

对于一般危险的爆炸装置，如装药量在 100 克以下，尚未点燃导火索或解除保险系统的爆炸装置，安保人员的处置措施是：（1）将起爆装置的保险固定；（2）切断电源；（3）转移到安全地点进行失效、解体或整体摧毁。

二、第 2 类气体的处理

（一）破损包装件的处理

安保人员在收运后，如果发现装有气体的包装件破损或有气味，要禁止进行装运。如果已经装运的，必须立即卸下，认真检查同一批货物的其他包装件有无污染。

（二）气体逸漏的处理

如果发现包装件上有气体逸漏，相关人员应避免吸入漏出气体。在易燃气体破损件附近，要严禁烟火和任何明火，不得开启任何电器开关，任何机动车辆都不得靠近。如果易燃或非易燃无毒气体逸漏发生在室内，要打开所有门窗，使空气充分流通，并由专业人员将包装件移到室外。如果是毒性气体，相关人员必须戴防毒面具。但是，如果安保人员发现包装件是装有非压力状态的深冷气体，是正常现象，不应看作事故。

（三）灭火的处理

当压缩气体或液化气体着火时，相关施救人员应佩戴防毒面具，避免站在气瓶的首尾部。在灭火时，遵循先堵源、后灭火的原则。在情况允许时，将火势未涉及区域的气体钢瓶迅速转移到安全地带，用大量冷水冷却气瓶，并设法关闭泄漏的阀门。

三、第 3 类易燃液体的处理

（一）破损包装件的处理

安保人员在收运后，如果发现包装件破损或有气味，要禁止装运。已经装运的，必须立即卸下，认真检查同一批货物的其他包装件有无污染。同时，在漏损包装件附近，要严禁明火，不得开启任何电器开关，不准吸烟，将漏损的包装件移至室外。

（二）洒漏的处理

易燃液体发生洒漏时，要及时用沙土覆盖，或用松软材料吸附，集中到空旷安全的地带处理。在进行覆盖时，要特别防止液体流入下水道、河道等地方，以免引起更大的灾情。

（三）灭火的处理

大多数易燃液体为有机物，相对密度小于水，因此，发生火灾时，通常不能用水灭火。在灭火时，现场人员应戴防毒面具，采用沙土、干粉、1211 灭火器、泡沫或二氧化碳等方式灭火。

四、第 4 类易燃固体、自燃物质及遇水释放易燃气体的物质

（一）破损包装件的处理

安保人员在收运后，如果发现包装件破损或有气味，要禁止进行装运。已经装运的，必须立即卸下，并认真检查同一批货物的其他包装件有无污染。同时，在漏损包装件附近，要严禁任何明火，不得开启任何电器开关，不准吸烟；将漏损的包装件移至室外；自燃物品的包装件要远离任何热源；对于遇水易燃烧物品的破损包装件，要用防水帆布盖好，避免与水接触。

（二）撒漏的处理

对于撒漏的易燃品要收集起来，另行包装，收集的残留物不要任意排放、抛弃，应做深埋处理。对于与水反应的撒漏物不能用水冲洗，但是清扫后的现场可以用大量的水冲洗。

（三）灭火的处理

立即报火警，并说明现场有易燃固体、自燃物质和遇水释放易燃气体的物质包装件存在，包括它的 UN 编号、运输专业名称、包装等级以及数量；尽可能将此类危险品包装件抢运到安全距离之外；当包装件自身起火时，要注意使用的灭火器不得与包装件内物品的性质相抵触。尤其是当包装件内的物品为 4.3 项遇水易燃品时，不得用水灭火，要按照消防部门根据危险品性质指示的方法灭火。

五、第 5 类氧化性物质和有机过氧化物

（一）破损包装件的处理

漏损的包装件不得装入飞机或集装器；已经装入的，必须卸下；检查同一货品的其他包装件有无损坏；其他包装品（即使是包装完好的）与所有易燃的材料（包括纸、硬纸板、碎布等）都要远离漏损的包装件；在漏损包装件附近，不准吸烟，严禁任何明火；通知货运部门主管领导和技术部门进行事故调查和处理。

（二）撒漏的处理

对于大量的氧化剂撒漏，应注意轻轻扫起，另行灌装。同时，对于这些灌装的氧化剂，在重新入库堆存之前，要放置 24 小时，进行观察，看其有无与接触过的空气发生化学反应，然后

再另行处理。对于撒漏的少量氧化剂或残留物，应清洗干净，进行深埋处理。

（三）灭火的处理

立即报火警，并说明现场氧化性物质和有机过氧化物的 UN 编号、运输专业名称、包装等级以及数量；尽可能将此类危险品包装件抢运到安全距离之外；有机过氧化物的包装件，在靠近热源时，即使外面的包装完好无损，里面的有机过氧化物的化学性质也会变得不稳定，随时有爆炸的危险，因此，当发生火灾时，要把这种包装件移至安全地带，由消防部门进行处理。

六、第 6 类有毒物质和感染性物质

（一）破损包装件的处理

当收运后，发现有毒物质包装泄漏，或有气味，或有轻微的渗透时，应当按以下要求处理：漏损的包装件不得装入集装器；已经装入的，必须卸下；检查同一货品的其他包装件有无类似的损坏情况；对于漏损的包装件，最好不要移动或尽可能少移动；如果不得不移动，应只由一个人进行搬运，以减少感染的机会；现场人员要避免皮肤接触此漏损的包装件，避免吸入有毒空气；在搬运包装件时，现场人员必须戴上专用的橡胶手套；现场人员在搬运后 5 分钟内，必须用流动的水把手洗净；将漏损包装件单独存入小库房内；通知主管人员进行事故调查和处理；及时向环保部门和卫生防疫部门报告，并说明以下情况：危险品申报单上所述的有关包装件的情况；与漏损包装件接触过的全部人员名单；漏损包装件在运输过程中已经过的地点，即包装件可能影响的范围；严格按照环保部门和检疫部门的要求，消除漏损包装对现场环境、其他货物、行李及运输设备的污染；此类物品的漏损

包装件未经检疫部门的同意不得运输。

（二）撒漏的处理

发现撒漏，应通知卫生检疫部门，由他们对库房、现场环境或其他货物或行李进行处理；在未进行消除污染之前，运输工具不得运行；对于固体的毒害品，要扫集后装入其他容器中；对于液体货物，要用沙土、锯末等松软材料浸润，吸附后扫集盛入容器中；对毒性物质的撒漏物，不能任意乱丢或排放，以免扩大污染，甚至造成严重的危害；对于感染性物质的泄漏，现场人员要严格按照环保部门和检疫部门的要求，消除对现场环境、其他货物和行李以及运输设备的污染，要对接触过感染物质包装件的人员进行身体检查，同时对这些人员的衣物及该包装件进行处理。

（三）注意事项

不要打开门，以防止感染其他人员；通过内化系统与外界联系；将弄湿的纸巾发给现场人员，让他们透过其进行呼吸；告诉现场人员放下衬衣袖子及穿上制服外套，或提供毯子，来尽可能将皮肤覆盖；将现场温度降低到能忍受的最低值；降低现场环境的压力，以排除和稀释毒素；利用塑料袋、湿毯子等覆盖，在生物危害与现场空气之间建立一道隔离的屏障；靠近污染区域的人员应该被转移并进行隔离；相关现场处理人员要带上橡胶手套和随身呼吸设备；停止所有的食物和饮料供应；关闭空调系统等。如果泄漏包装件内的货物为 6.1 项毒性物质，意外沾染上毒性物质的人员，无论是否出现中毒症状，均应进行隔离，并立即送入医院进行检查和治疗。

七、第 7 类放射性物质

（一）破损包装件的处理

当收运后，经仪器测定，如果发现放射性物质包装件的运输指数发生变化、大于申报的 1.2 倍时，即使包装件封闭完好，没有任何破损、渗漏现象，也要将其退回；如果发现破损或渗漏或封闭不严时，要严禁装入运输工具内；已经装入的，必须卸下；在卸下之前，要标出其在运输工具内的具体位置，以便检查和消除对其他地方和装置的污染；认真检查同一批货物的其他包装件有无相似的破损现象。

在处置之前，相关人员要查阅危险品申报单，按照"附加的操作信息"栏中文字说明进行操作，采取措施，尽可能防止事故蔓延扩大；除了检查和搬运人员外，任何人均不得靠近破损包装件；相关的处理人员必须穿戴防护作业工具，以避免辐射；破损的包装件，应该放在专门设计的放射性物质库房内，如果没有库房，应该放在室外，并在 25 米内设置隔离栏，甚至危险标记，禁止任何人员靠近；通知环保部门和辐射防护部门，由其对污染程度进行测量和评估；按照环保部门和辐射防护部门提出的要求，消除对运输工具、其他货物和行李以及设备的污染，在消除污染之前，运输工具不得运行；通知货运部门主管领导和技术主管部门对事故进行调查。

（二）撒漏的处理

在运输过程中，如果放射性物质包装件破损、内容物撒漏，会对周围环境造成不同程度的辐射污染，针对不同的撒漏情况，相关人员应采取相应的处理方法。当剂量较小的放射性物质的外层包装损坏时，应及时修复。不能修复的，应换相同的外包装，掉包后，外包装的运输指数不得大于原来的运输指数，否则，应按新包装修改相应的运输文件和运输标志。

当 A、B 型包装件内容器受到破坏时，放射性物质扩散或外层包装受到严重破坏时，相关人员不能擅自处理，要立即向公安部门和卫生监督机构报告事故。同时，在事故地点设置安全区和警戒区，悬挂警告牌，要用适当的材料来屏蔽和覆盖放射性物质，以免风尘飞扬扩大污染区域。

对于放射性污染，要及时进行清除，以减小污染面扩散的机会。清除是将具有污染性的放射性物质转移到安全场所，以便于进行辐射防护。在除污的过程中，所产生的废液、废物也有污染性，要按照放射性废物处理办法妥善处理，不能随意排放、倾倒。

由于放射性制剂的物理、化学性质不同，被污染的表面性质不同，所以放射性物质与被污染表面的结合方式也不同，采用的除污剂和除污方法也不同。金属的车辆、物和作业工具一般用肥皂水或洗涤剂浸泡刷洗，再用清水冲净，也可用 9% ~18% 的盐酸或 3% ~6% 的硫酸溶液浸泡后刷洗，再用清水冲净；橡胶制品用肥皂水和稀硝酸溶液浸泡后，再用清水冲洗干净；布质用品，一般可用肥皂水洗涤后，再用清水洗净，如污染严重且放射性核素半衰期又较长的，应做废物处理。正常皮肤及黏膜被污染时，首先应在辐射仪检查下，确定污染范围及程度；先保护好未被污染的，然后再用温肥皂水，轻拭污染区；继而用温清水洗涤，这样可以去除绝大部分的污染。如果还未达到要求，可用 10% 的二乙胺四醋酸溶液或 6.5% 高锰酸钾溶液清洗，再用清水清洗。最后，用辐射仪监测，直到达到要求。病态和破损皮肤黏膜被污染后，要立即送往医院。

（三）注意事项

在测量完好包装件的运输指数或破损包装件及放射性污染程度时，应注意使用不同的仪器。受放射性污染影响的人员，要立即送往卫生医疗部门进行检查。

八、第 8 类腐蚀性物质的处置程序

（一）破损包装件的处理

漏损的腐蚀性物质包装件不得装入飞机或集装器；已经装入的，必须卸下；认真检查同一批货物的其他包装件有无损坏或受到污染；现场人员要避免与此类包装件进行皮肤接触或吸入其蒸气。搬运人员在作业时，要戴上相应的防护用具，如橡胶手套等。避免其他危险品靠近漏损包装件，以免发生更大危险。及时通知主管人员进行事故调查和处理。

（二）撒漏的处理

腐蚀性物质撒漏时，要用干沙、干土覆盖吸收后，再清扫干净，最后用水冲刷。当大量溢出时，要根据货物的酸碱性，分别用稀碱、稀酸中和，中和时不要使反应太剧烈。用水冲刷时，要缓缓地浇洗，不能直接喷射上去，防止带腐蚀性的水珠飞溅伤人。在清洗时，相关人员要戴上防护用具，以避免接触腐蚀性物质，同时要仔细检查被腐蚀的各个角落，进行必要的拆除和装卸。

九、第 9 类其他危险品

安保人员在收运后，如果发现其他危险品的包装件有破损，要禁止进行装运；已经装入的，必须立即卸下；认真检查同一批货物的其他包装件有无相似的损坏情况和被污染情况；检查运输工具有无损坏；及时通知主管人员进行事故调查和处理。

【思考题】

1. 危险品的操作原则有哪些？
2. 危险品的一般响应程序有哪些？

3. 发现爆炸品的处置程序包含哪几个步骤？

【参考文献】

1. 肖瑞萍编著：《民用航空危险品运输》，科学出版社，2013年版。

2. 王益友主编：《航空危险品运输》，化学工业出版社，2012年版。

3. 张少岩编：《危险化学品包装》，化学工业出版社，2005年版。

4. 李世聪：《浅谈爆炸威胁及其安全处置》，载《中国人民公安大学学报》，2002年第3期。

5. 王新建：《反恐活动中的若干爆炸问题研究》，载《中国人民公安大学学报》（自然科学版），2006年第4期。

6. 张莉编著：《机场危险品与爆炸安全处置》，中国民航出版社，2010年版。

7. 边归国：《恐怖事件中恐怖分子常用化学武器的分类》，载《环境科学与管理》，2005年10月。

8. 陈清光、肖雪莹、陈国华：《化学恐怖袭击事件的危害、征兆及紧急应对措施研究》，载《中国安全科学学报》，2008年第11期。

9. 王新建、熊一新：《危险物品管理》，中国人民公安大学出版社，2002年版。